올레 핸츠셸·마티아스 슈톨츠 지음
이상희 옮김

오늘의 지구를 공개합니다

데이터로 말하고 그래픽으로 보여 주는 50가지 기후 환경 문제

우리학교

서문

주목! 이 책에는 많은 숫자와 도표가 나옵니다.
하지만 좌절할 필요도 겁먹을 필요도 없습니다.

우리는 '기후와 환경'이라는 거대하고 중요한 주제에 관한 책을 계획했습니다.
우리가 지금 여러분의 나이였을 때부터 염두에 두고 있던 생각이었지요.
그동안 기후에 관한 많은 사실이 사람들에게 충분히 알려졌지만
아주 미미한 변화만 일어나는 데 그친 현실은 우리를 놀라게 하고 분노케 했어요.
여러분 세대에는 훨씬 더 크고 분명한 움직임이 일어났으면 합니다.
우리가 그 움직임을 지지할게요!

이 책에서 우리는 수많은 통계와 수치로 여러분이 잘 몰랐던 사실을 전할 거예요.
우리에게 하고 싶은 말이 있다면 아래 주소로 메일을 보내 주기를 바라요.
wievielregenwaldpasstaufsbrot@tessloff.com
우리는 여러분의 의견을 고맙고 기꺼운 마음으로 기다리고 있습니다.

'기후와 환경'은 아주 거대한 영역입니다. 그래서 우리는 과감한 선택을 했습니다.
바로 특별하게 우리 마음을 움직이고 흥분시킨 주제들을 모았지요.
그래서 이 책은 순서대로 읽지 않아도 됩니다.
궁금한 주제를 골라 읽으면서 책장을 넘기면 됩니다.
부디 이 책이 여러분에게 재미와 즐거움을 주었으면 하는 바람입니다!

올레와 마티아스가.

차례

우리가 생활 습관을 바꾸면 어떤 변화가 일어날까?

환경을 생각하는 행동 비교

우리 행동이 얼마나 환경오염을 줄일 수 있는지를 환경영향점수(UBP, 유럽의 환경지수)가 보여 준다. 기후에 영향을 덜 끼칠수록, 결과가 친환경적일수록 점수가 높다.

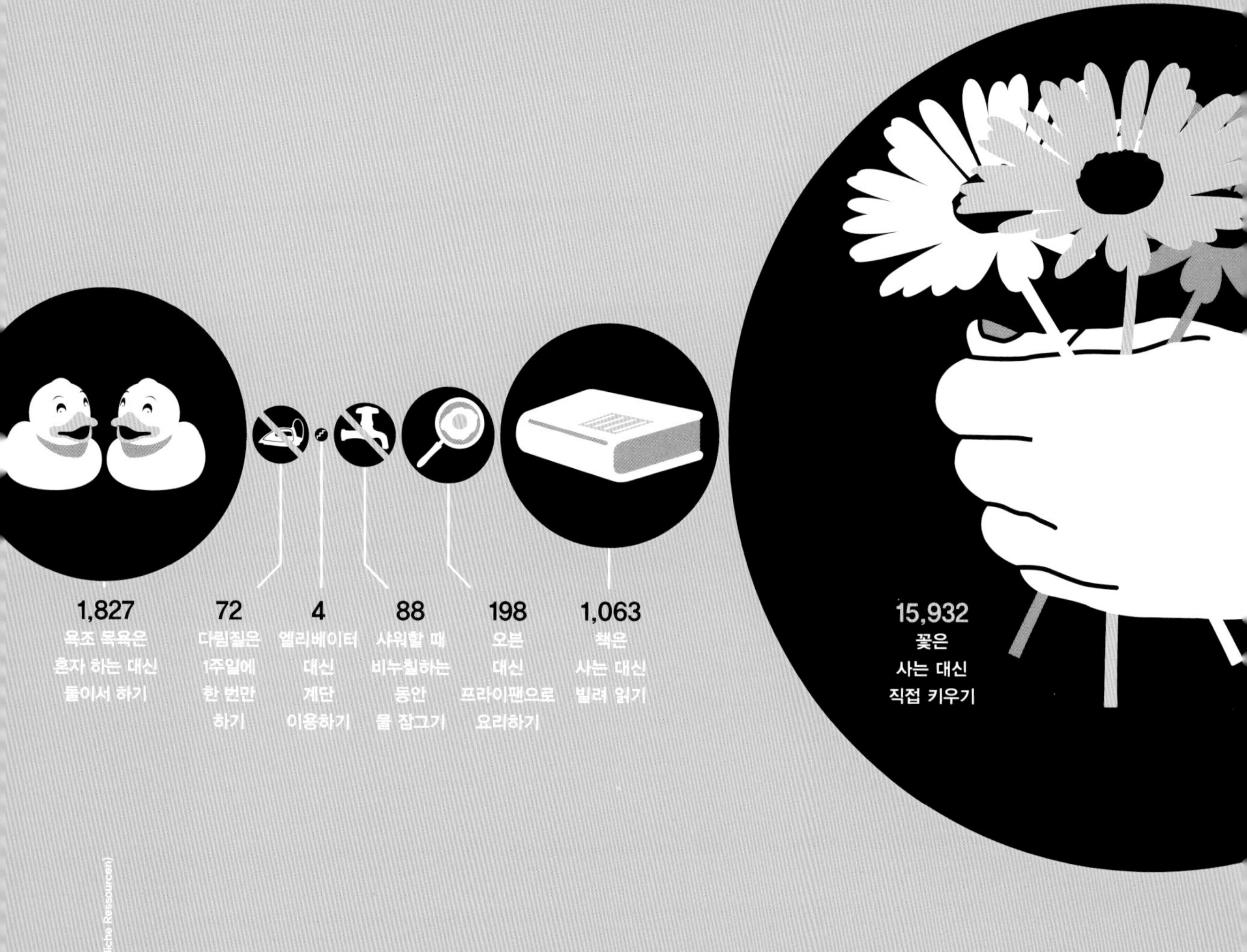

출처: 환경과천연자원연구소
(IUNR, Institut für Umwelt und Natürliche Ressourcen)

18
자전거
타는 대신
한 시간 동안
달리기

121
세탁기
물 온도는
40도 대신
20도로
맞추기

296
커피 대신
차 마시기

6,969
옷은 새로 사는 대신
중고 매장에서 구매하기

290,000
휴가 때
비행기 이용을
자제하고
자전거
여행이나
도보 여행
실천하고
추천하기

말을 타는 것, 걷는 것, 자동차를 타는 것

스포츠 유틸리티 자동차SUV 한 대는 말 몇 마리, 어린이 몇 명의 힘과 맞먹을까?

어린이가 자동차를 타고 학교에 간다면 얼마나 많은 에너지가 낭비될까? SUV 한 대의 힘이 말 340마리가 끄는 힘인 340마력과 같다고 할 때 어린이 1명은 12분의 1마력을 낸다. 즉, 340마력은 어린이 4080명(340×12)의 힘과 맞먹는다. 따라서 어린이가 충분히 걸을 수 있는 거리를 자동차로 통학한다면 한 아이의 이동에 4080명만큼의 에너지를 낭비하는 셈이 된다!

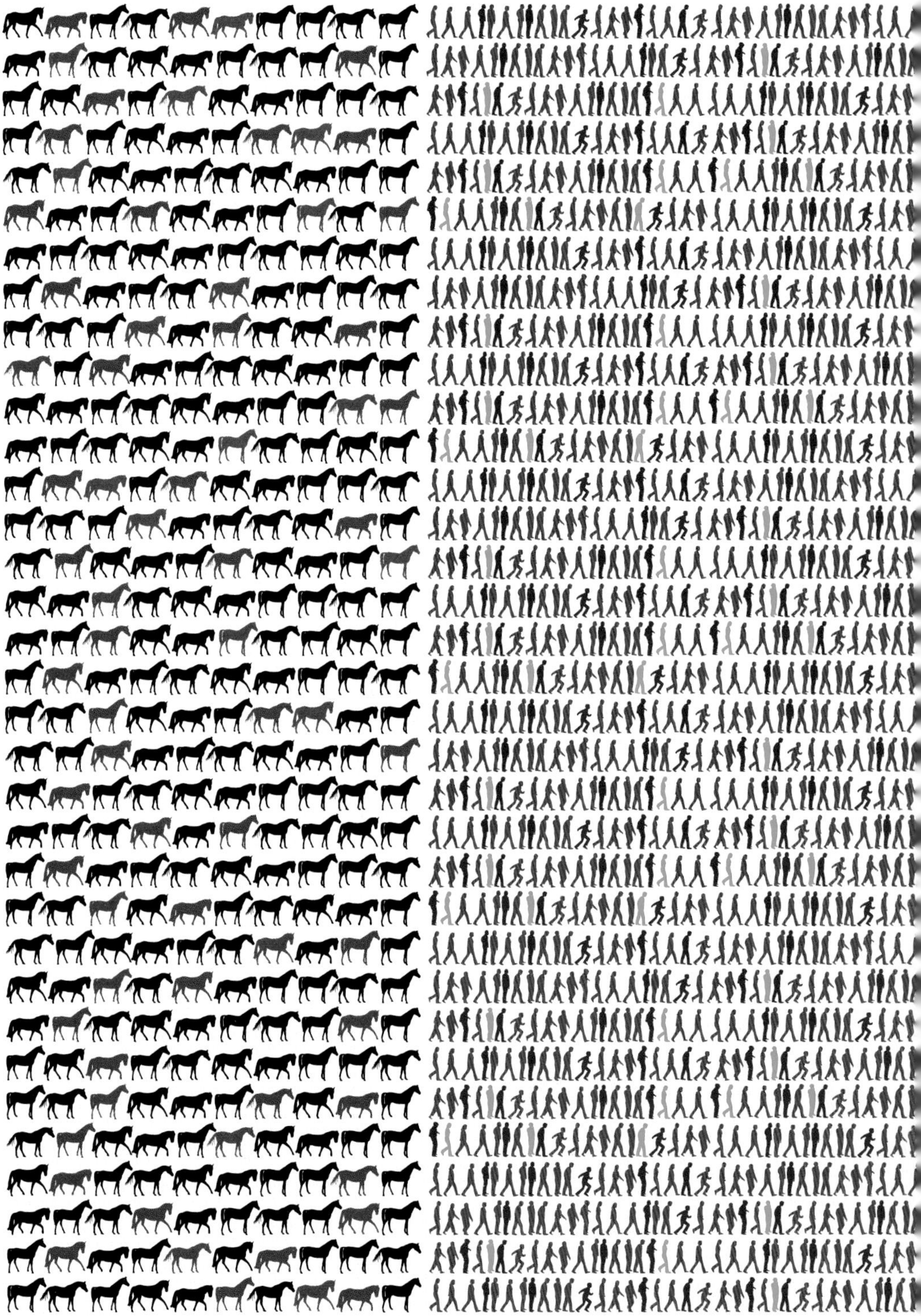

출처: 올레·마티아스

한 시간 동안 한 사람이 녹이는 얼음의 양은?

**지구온난화로 1994년 이후
23년 동안 지구에서 약 28조 톤의
얼음이 사라졌다.
한 사람이 한 시간에 정육면체 얼음
몇 조각을 사라지게 한 것일까?**

전 세계 인구를 약 78억 명으로 계산했을 때
모든 사람이 저마다 한 시간에
가로세로 3.5센티미터 크기의
정육면체 얼음 하나를 녹여 없앤 것과 같다.

곤충이 모두 사라진다면 어떻게 될까?

죽음의 위기에 가장 가까이 있는 곤충들

46%
벌목
(벌과 같은 종류를 포함한다.)

위기에 처한 곤충들의 비율을 검은 그림으로 표시했다.

꿀벌의 죽음에 관해 여러 이야기가 있다. 꿀벌이 우리에게 꿀을 제공해서 꽤 인기가 있기 때문일 것이다. 하지만 꿀벌 말고 인기 없는 다른 많은 곤충도 서서히 죽어 가고 있다. 곤충들은 아주 중요한 존재로, 예를 들어 식물이 번식하는 데 이들이 없어서는 안 된다. 곤충들이 죽는 데는 여러 이유가 있다. 육지에서 논밭 같은 경작지가 너무 넓은 면적을 차지하고 살충제, 제초제 같은 독성 물질을 너무 많이 사용한다.
잔디보다 정원 가꾸기, 곤충 호텔, 야생화 키우기가 곤충에게 이롭다.

37%
잠자리목

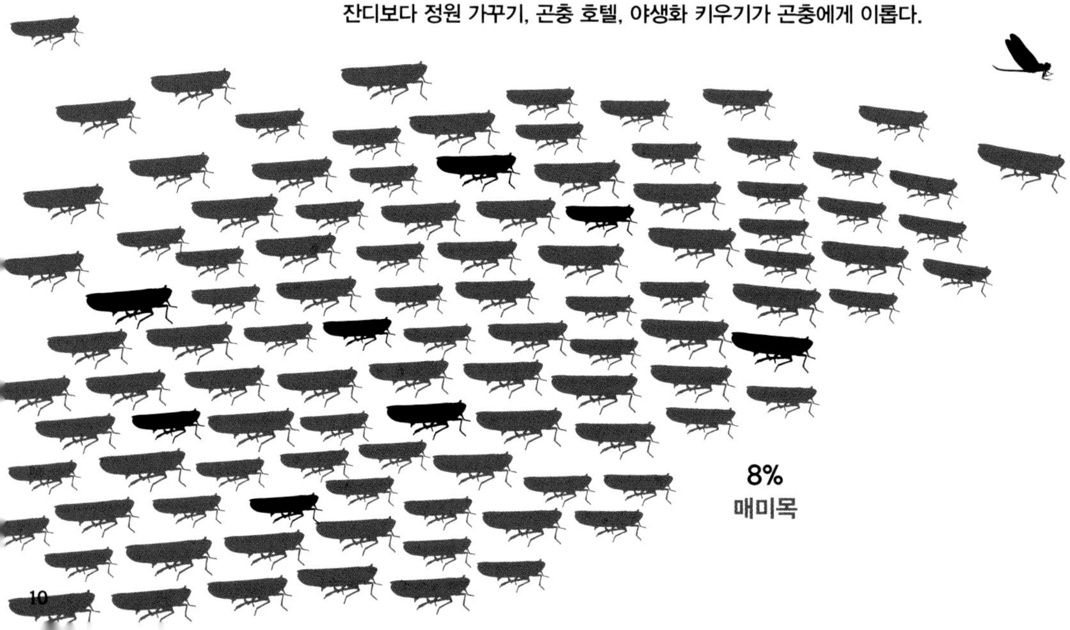

8%
매미목

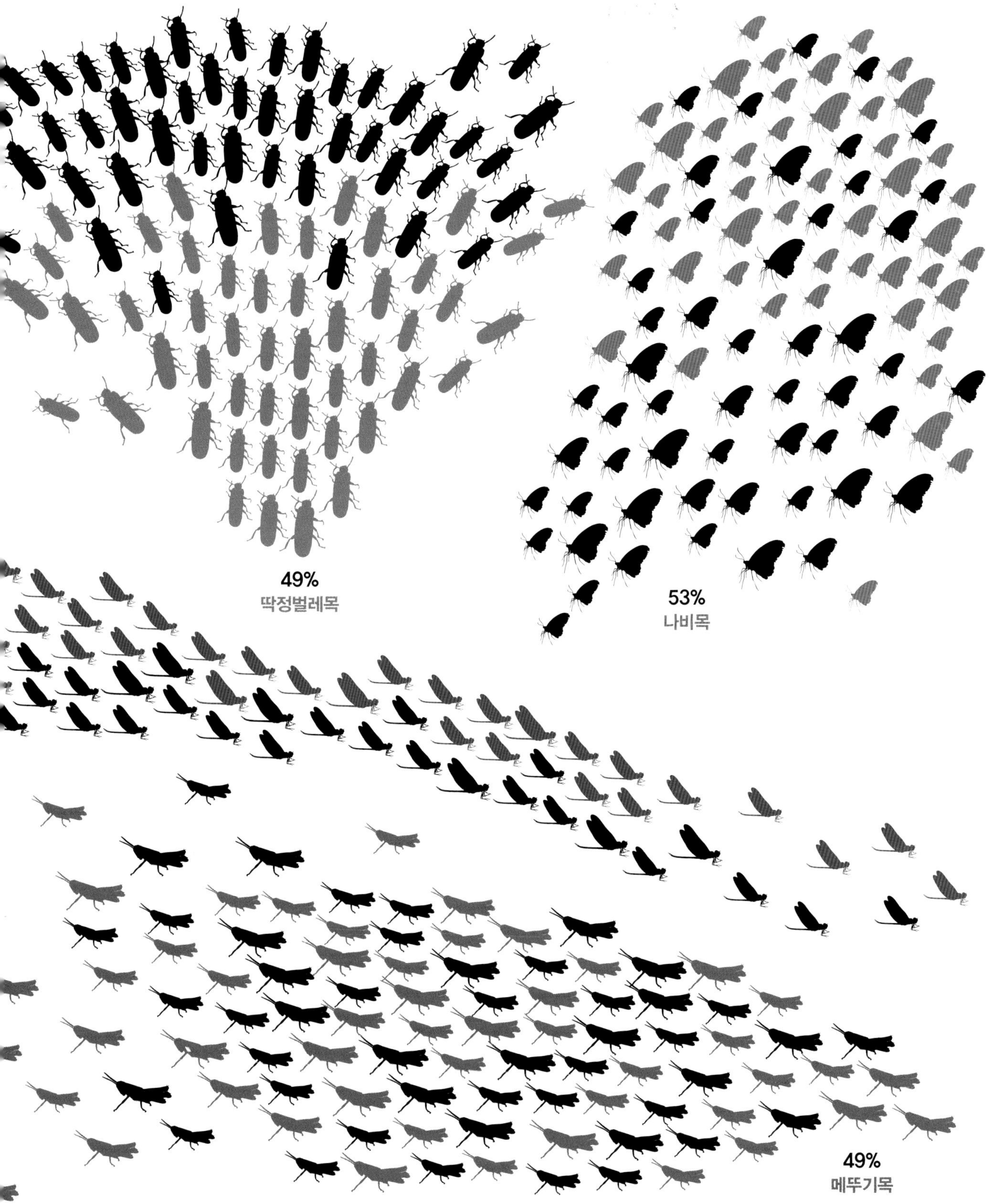

출처: 프란시스코 샌체즈바요(Francisco Sanchez-Bayoa)·크리스 A. G. 위카이스(Kris A. G. Wyckhuys), 「전 세계적인 곤충 감소: 그 원인에 관한 보고서」, 2019.

내 운동화가 탄소를 배출한다고?

다음 그림은 우리가 신고 다니는 운동화에 얼마나 많은 온실가스가 포함되어 있는지 한눈에 알기 쉽게 보여 준다.

보통 일반적인 운동화 한 켤레는 약 14킬로그램 CO_2–eq에 해당하는 온실가스를 배출한다. 이 양은 오래된 10와트 전구를 10주 동안 켜 놓았을 때 배출되는 온실가스의 양과 거의 같다. 다양한 온실가스의 양을 이산화탄소^{CO_2} 환산량으로 계산하면 우리 기후에 얼마나 나쁜 영향을 끼치는지 쉽게 이해할 수 있다. 여기서는 CO_2 환산량$^{CO_2\text{-equivalent}}$을 줄여서 CO_2–eq로 표시했다.

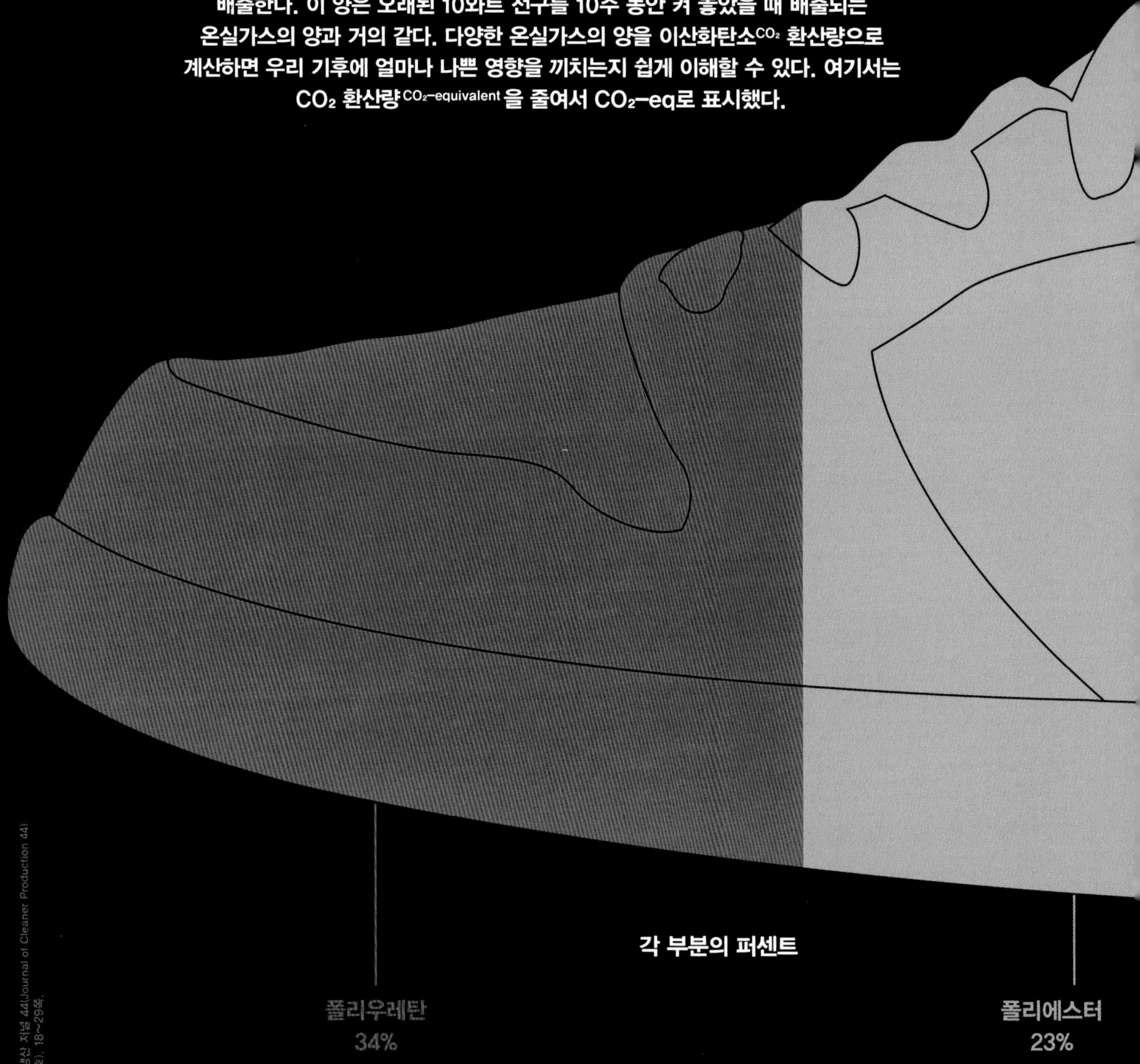

출처: 청정 생산 저널 44(Journal of Cleaner Production 44) (2013년 4월 호), 18~29쪽.

여기에 언급한 소재가 익숙하지 않을 것이다. 화학 시험에는 나오지 않는 화합물들이라 어쩌면 들어 본 적도 없을 수 있다. 하지만 이런 평범한 운동화 하나에 얼마나 많은 화합물(대부분 석유에서 추출한 것)이 들어가는지 한눈에 보고 실감할 수 있도록 소재를 전부 기록했다. 이 화합물들은 재활용이 불가능하다. 게다가 이런 화학 성분은 지구온난화를 일으키는 잠재적 물질이다. 다행히 천연 소재로 만든 운동화나 재활용 플라스틱으로 만든 운동화가 등장하고 있다. 우리는 조금씩 바뀌어 가고 있다.

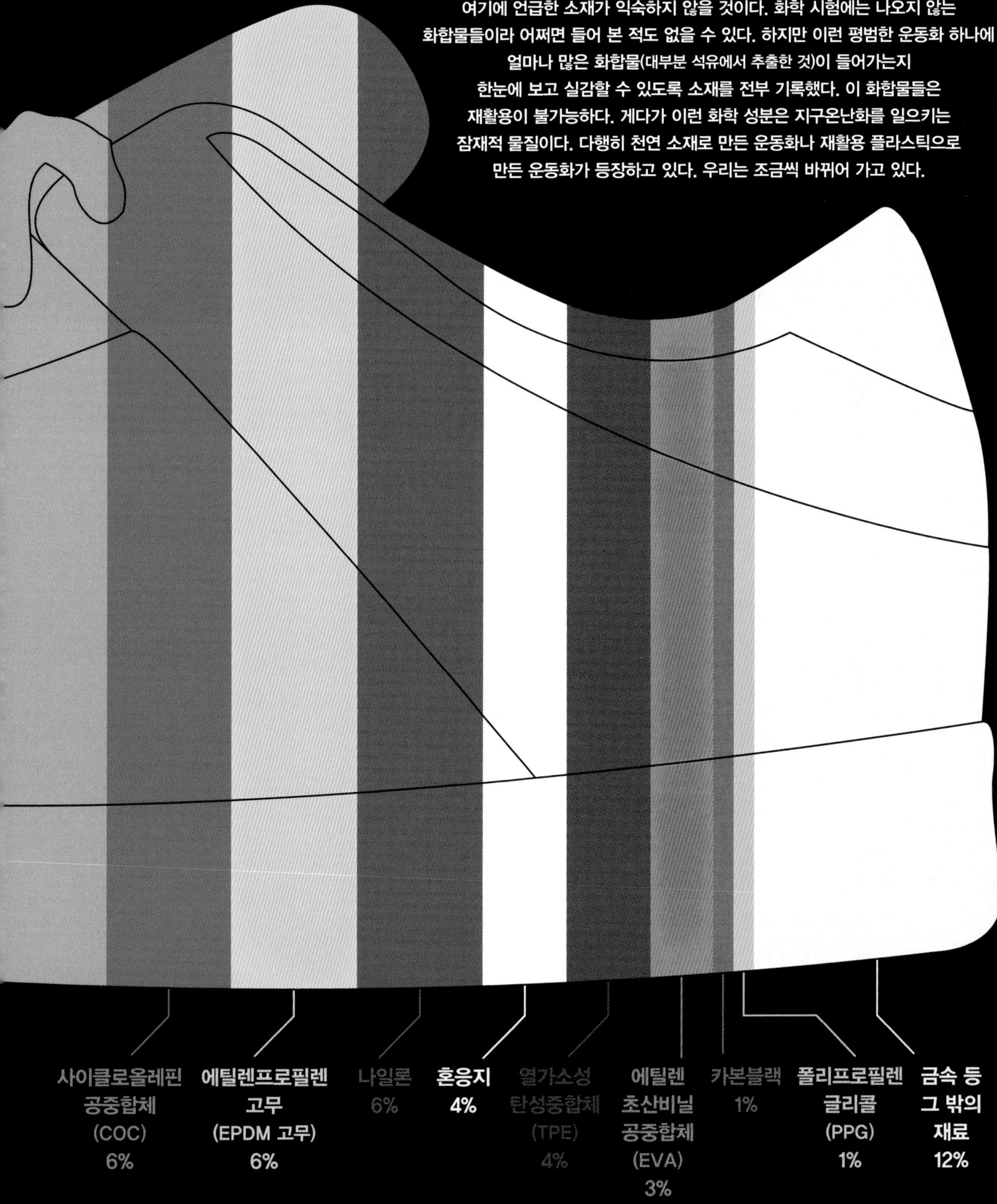

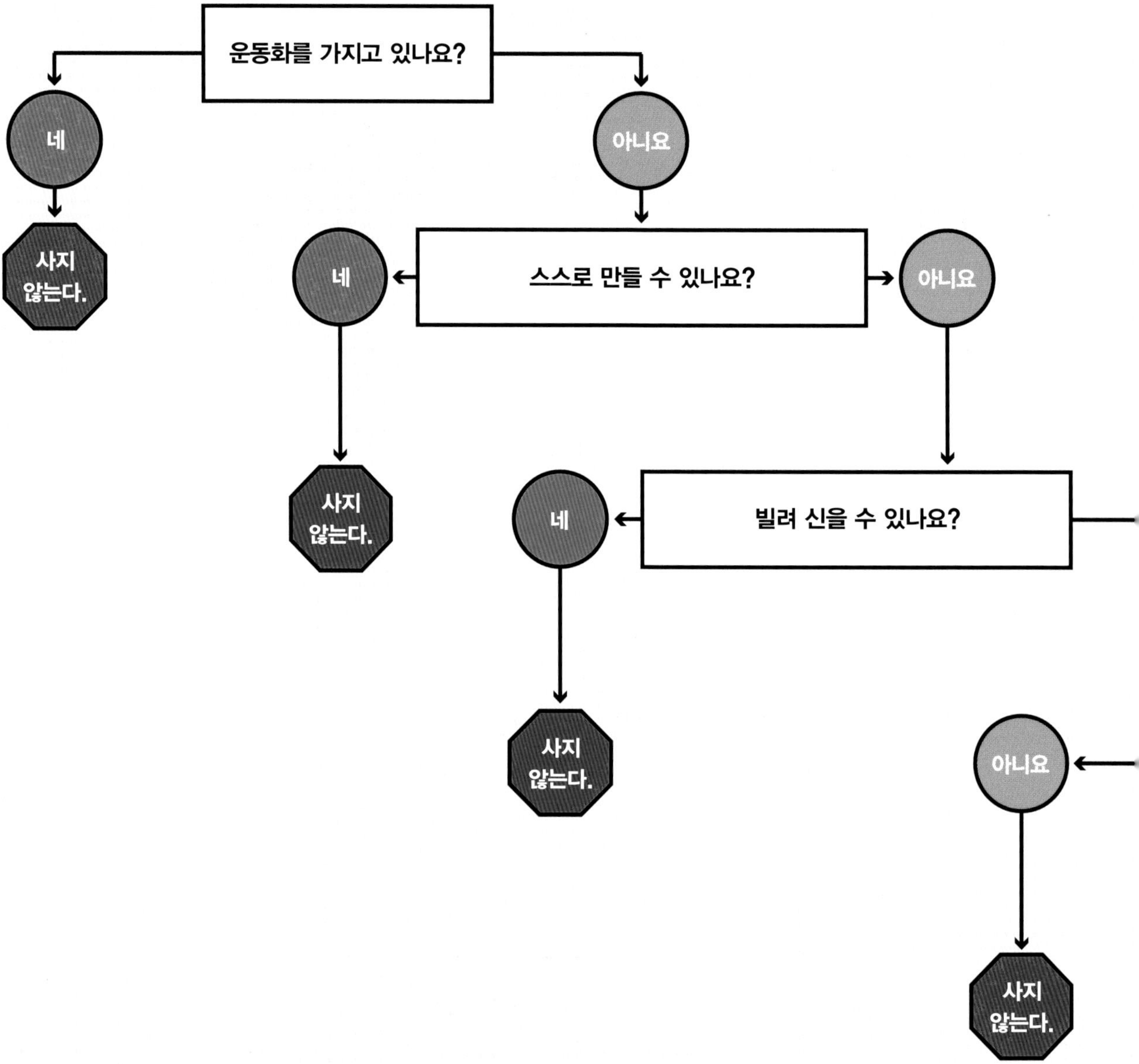
운동화를 가지고 있나요?
네
사지 않는다.
아니요
스스로 만들 수 있나요?
네
사지 않는다.
아니요
빌려 신을 수 있나요?
네
사지 않는다.
아니요
사지 않는다.

먼저 고민한 다음 구매하자

새로운 물건을 사기에 앞서 스스로 다섯 가지 질문하기

'나에게 정말 필요한 물건인가?', '중고로 구매하거나 다른 물건과 교환할 수 있는가?' 용돈이나 명절 또는 생일에 받은 돈으로 새로운 물건을 사는 일은 재미있다. 논리적으로도 그렇다! 하지만 우리는 사실 꼭 필요하지도 않은 물건을 살 때가 많다. 그러니 물건을 충동구매하려고 할 때나 온라인 쇼핑을 할 때는 값을 치르기 전에 항상 자신에게 이 다섯 가지 질문을 해 보는 것이 좋다. 이러한 습관을 들이면 돈도 절약하고 환경도 보호한다. 실제로 새로 산 물건 대부분은 잠깐은 우리를 즐겁게 해 줄지언정 며칠이 지나고 나면 구석에서 뒹굴고 있는 경우가 많다. 혹시 이런 일이 한 번도 없었다면, 여러분은 '현명한 쇼핑상'을 받을 자격이 충분하다!

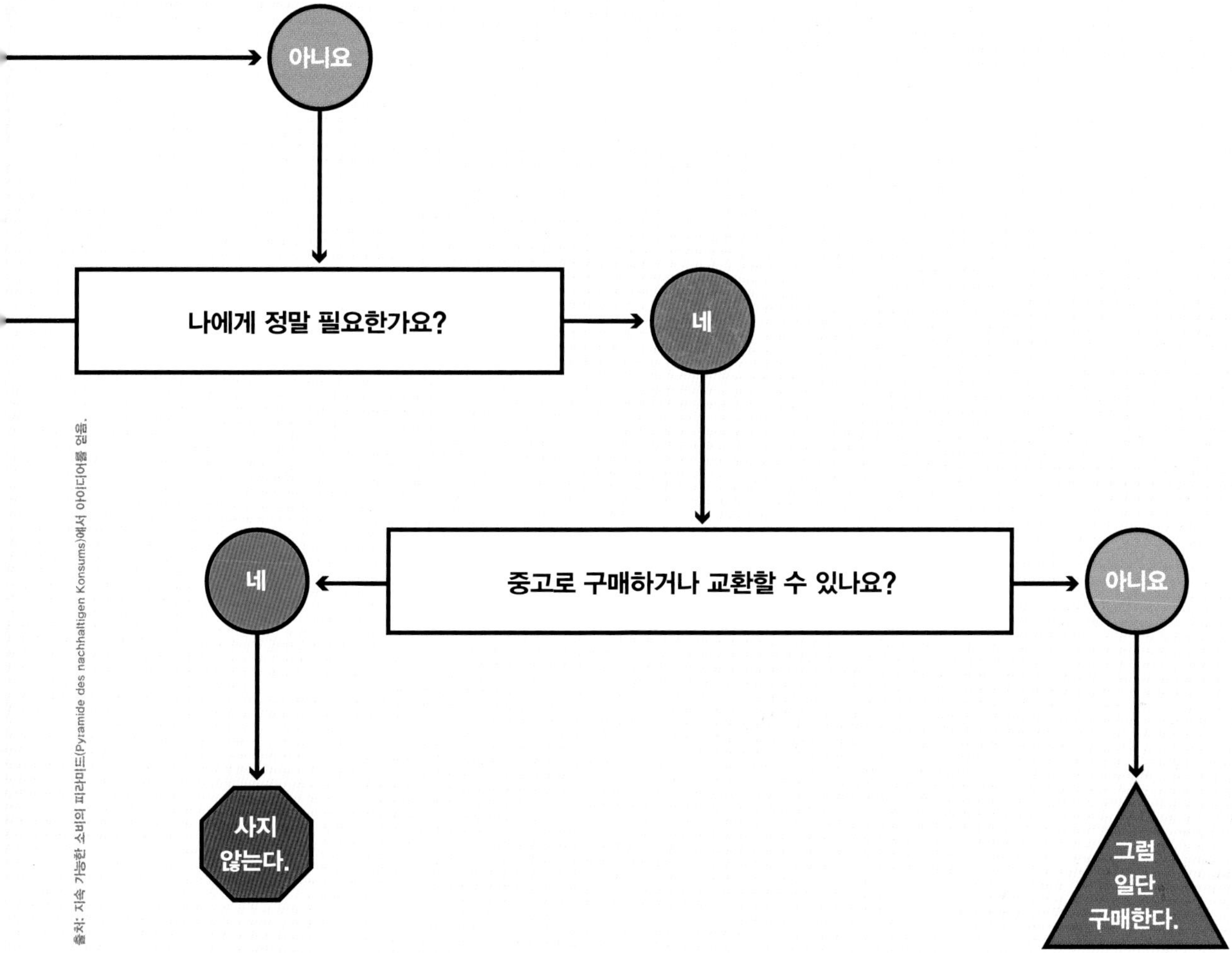

출처: 지속 가능한 소비의 피라미드(Pyramide des nachhaltigen Konsums)에서 아이디어를 얻음.

안 쓰는 플라스틱 장난감을 활용하는 가장 좋은 방법은 무엇일까?

플라스틱 장난감의 두 번째 삶

아주아주 좋지 않음:
쓰레기장에서 소각하기

아주아주 좋지 않음:
숲에 버리기

아주 좋지 않음:
쓰레기장이나 집 앞에 두고서 누군가 가져가길 바라기

좋지 않음:
재활용 수거함이나 쓰레기통에 버리기

출처: 올래·마티아스

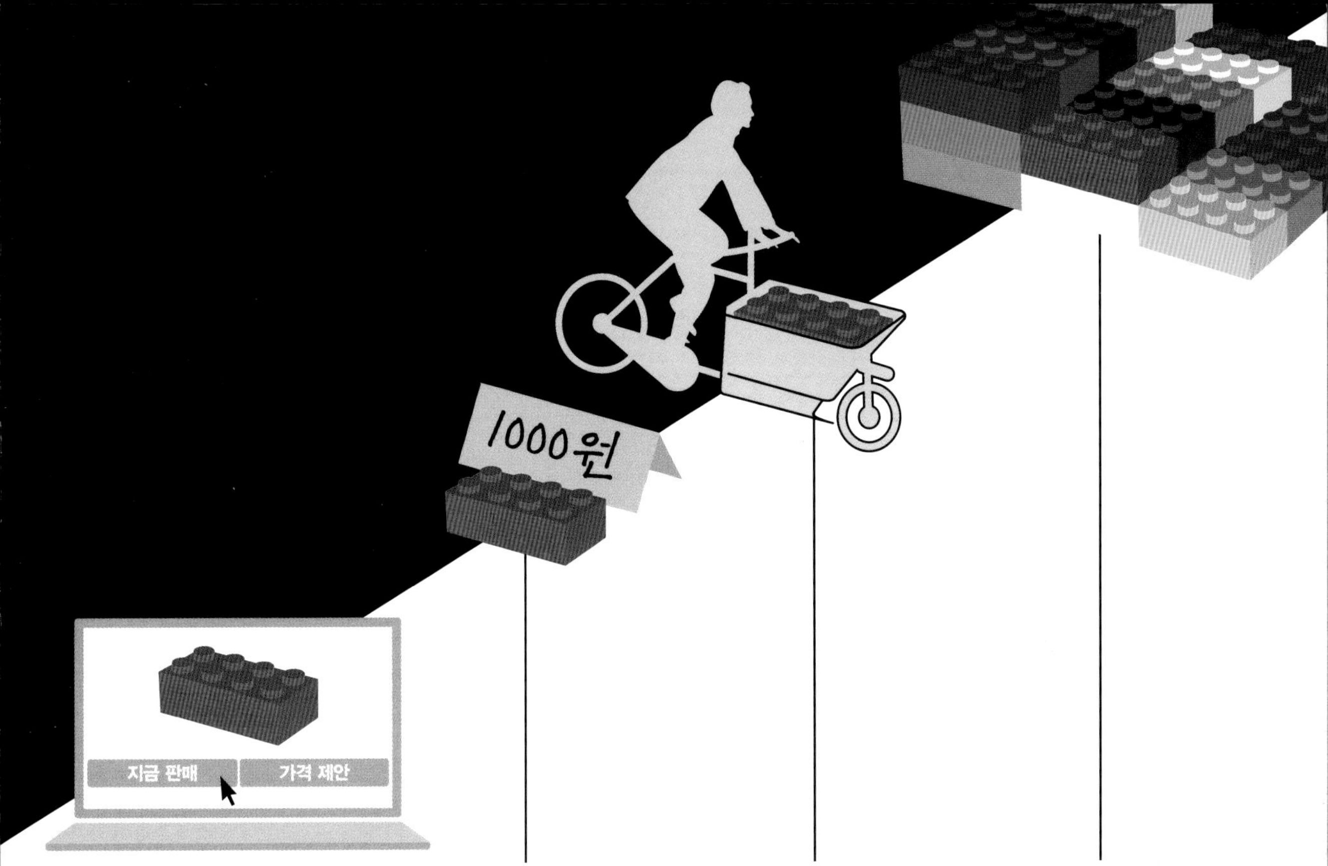

적어도 어리석지는 않음:
인터넷으로 판매하고 택배 발송하기

좋음:
이웃이나 벼룩시장에 팔기 또는 친구에게 선물하기

지구 환경과 우리 이웃을 위해 더 좋음:
자전거를 이용해 아름다운가게 같은 곳에 가져가서 기부하기

그리고 정말 좋은 생각:
휠체어를 탄 사람이 문턱을 쉽게 넘을 수 있도록 건물 입구에 블록 장난감으로 경사로 만들기
(인터넷으로 검색하면 방법은 얼마든지 나온다.)

블록 장난감이 더 이상 필요 없다 해도(어린 형제자매도 더는 가지고 놀지 않을 때조차) 블록 장난감의 쓸모는 아직 많다. '무료 나눔'을 제대로 해야 한다. 집 앞이나 재활용품 수거장에 내놓은 물건들은 대부분 길에서 뒹굴다 못쓰게 되고, 비라도 내리면 하수구로 쓸려 가 결국 청소부가 치워야 하기 때문이다(청소부 임금은 결국 우리가 낸 세금이다). 오래된 물건을 그저 누군가 가져가 쓰길 바라며 밖에 내놓는 것은 잘하는 일이 아니라 무책임한 태도다. 물건을 그냥 밖에 내놓는 것은 일종의 환경오염이자 쓰레기불법투기이기도 하다.

모든 동물을 동물 복지 농장에서 키울 수 있을까?

지난 10년 동안 동물 복지 농장에서 사육된 동물의 비율

동물 복지 농장에 사는 동물들의 비율

근래 들어 유기농, 친환경에 관심을 가지는 사람들이 무척 많아졌다. 그러나 이러한 혜택을 받는 사육동물들은 아주 제한적이다. 예전과 비교해 동물 복지 농장에서 사육되는 닭과 소의 비율이 많이 증가했지만 그래도 여전히 낮은 수준이다. 우리나라는 2012년부터 동물복지축산농장 인증제를 시행해 그 비율이 조금씩 높아지고 있다.

예전 방식으로 사육되는 동물

동물 복지 농장에서 사육되는 동물

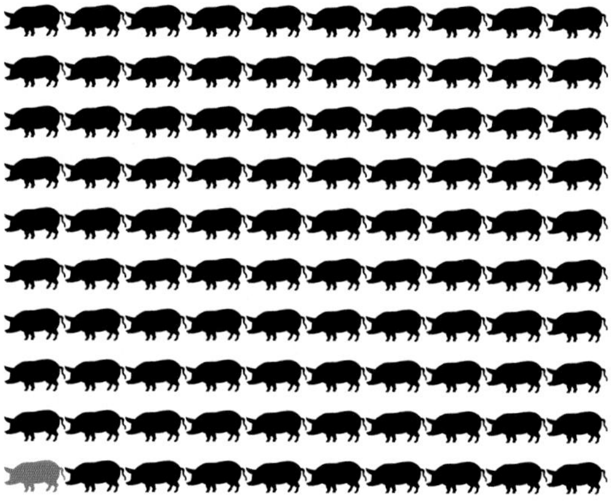

2010년: 1%

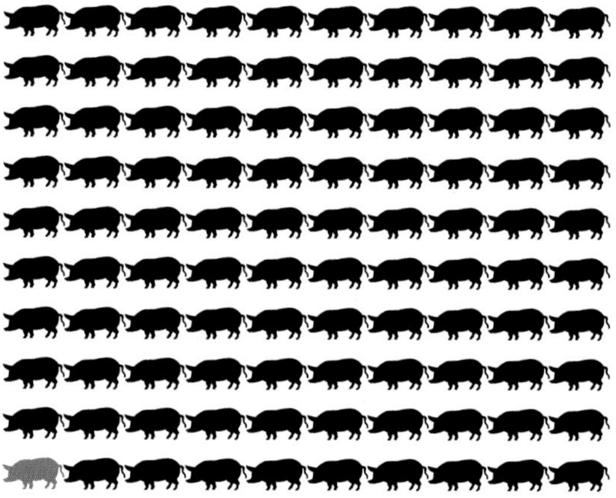

2020년: 1%

돼지

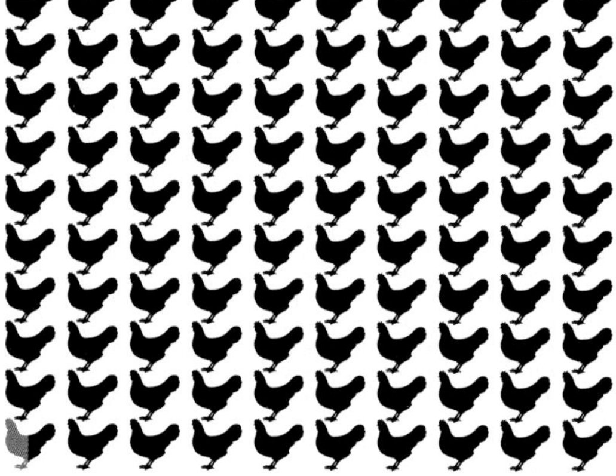

2012년: 0.5%

2020년: 5%

대한민국 치킨용 닭

출처: 독일 연방통계청(SBA, Statistisches Bundesamt) / 대한민국 농림축산식품부

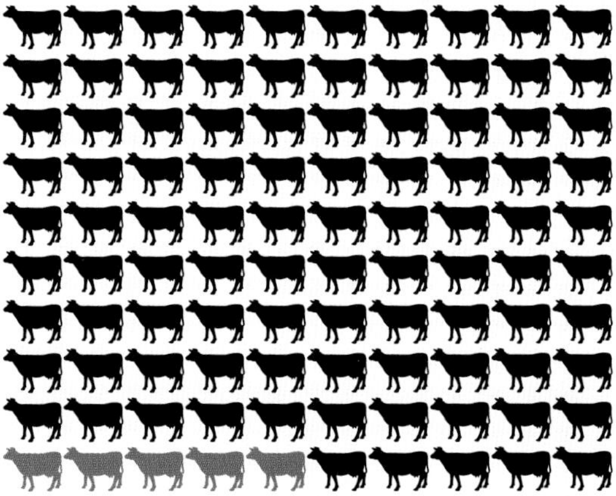

2010년: 5%

소

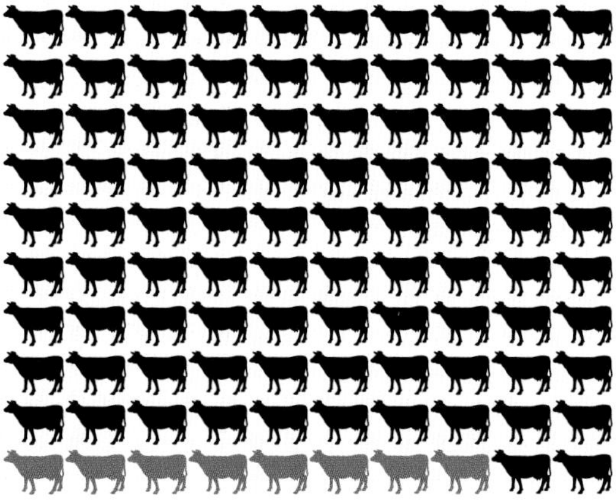

2020년: 8%

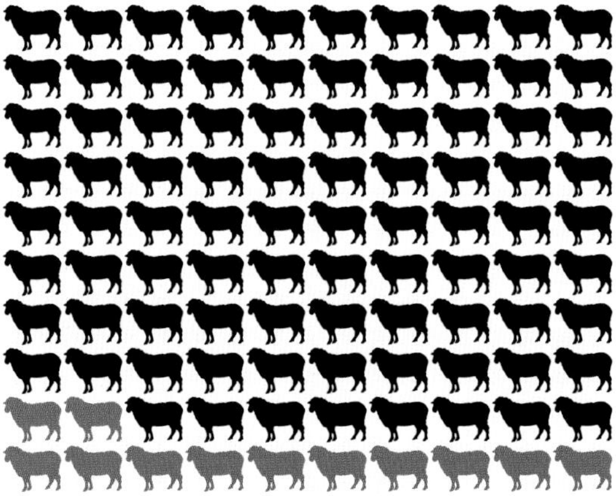

2010년: 12%

양

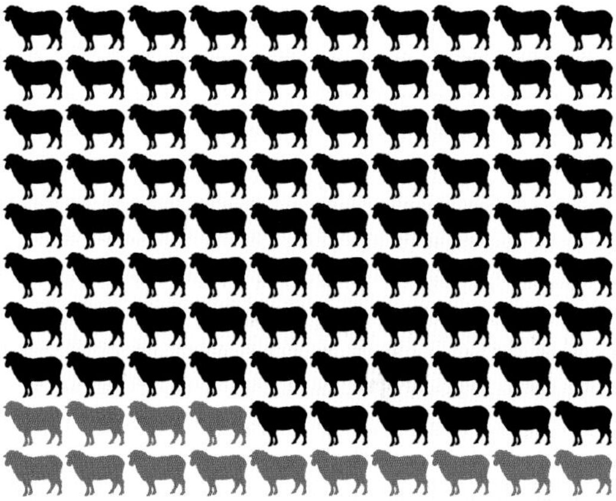

2020년: 14%

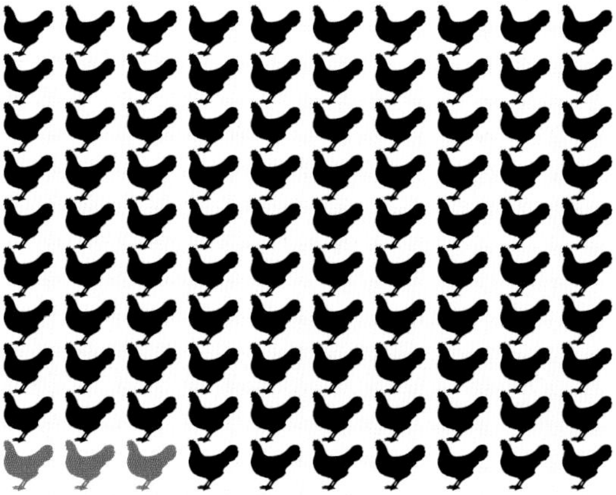

2010년: 3%

닭

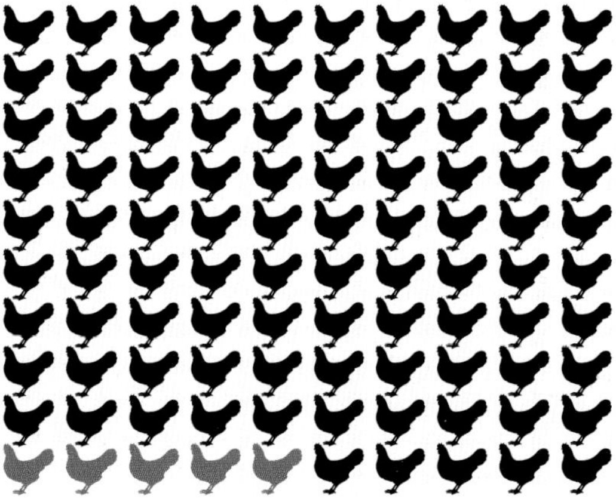

2020년: 5%

얼마나 많은 음식물 쓰레기가 분리되지 않고 버려질까?

분리배출: 450만 톤

모든 음식물 쓰레기가 전부 음식물 쓰레기통에 들어가는 것은 아니다. "전부는 아니다."라는 표현은 좀 엄격하게 기준을 적용해 말한 것이긴 하지만.

2018년 독일 통계 기준

감자 껍질이나 토마토 줄기, 애호박 꼭지 같은 유기 폐기물이 음식물 쓰레기통에 버려지는 것은 실제로 아주 좋은 일이다. 이런 귀중한 천연 폐기물은 기후에 도움이 되는 퇴비가 되거나 바이오가스Biogas(미생물 따위를 이용해 생산한 수소, 메탄과 같은 연료용 가스를 통틀어 이르는 말)로 바꿀 수 있기 때문이다(바이오가스 1리터로 같은 양의 천연가스를 절약할 수 있다). 하지만 당연히 언제나 그렇지는 않다. 세계에는 아직 음식물 쓰레기를 분리배출하지 않는 나라가 많기 때문이다. 또 단순히 귀찮다는 이유로 남긴 음식이나 요리 재료를 다듬고 남은 것들을 음식물 쓰레기로 따로 분리배출하지 않고 그냥 쓰레기통에 버리는 사람도 많기 때문이다.

출처: 독일 연방환경청(UBA, Umwelt Bundesamt) / 독일 연방통계청(Statistisches Bundesamt)·독일 환경연합(NABU, Naturschutzbund Deutschland)

일반 쓰레기로 버려지는
음식물 쓰레기
미분리 배출: 600만 톤

온실가스를 가장 많이 만들어 내는 것은 무엇일까?

다양한 일상생활 영역 중 온실가스 배출량이 가장 높은 곳

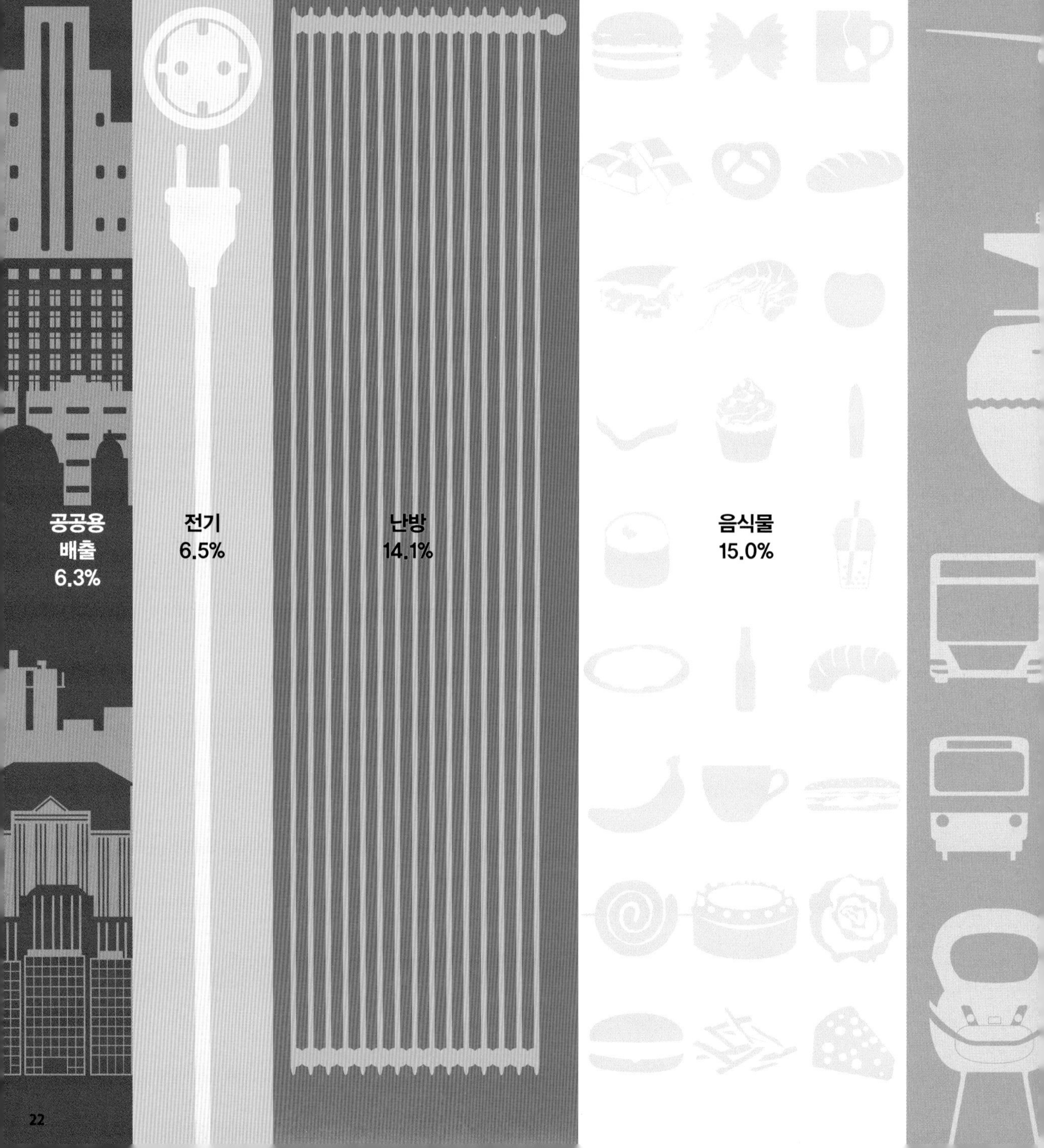

누가 온실가스를 가장 많이 배출할까? 대부분 자동차나 비행기 같은 교통수단을 먼저 떠올리지만,
실제로는 물건을 구매하고 소비하는 일이 가장 큰 부분을 차지한다.

출처: 독일 연방환경청

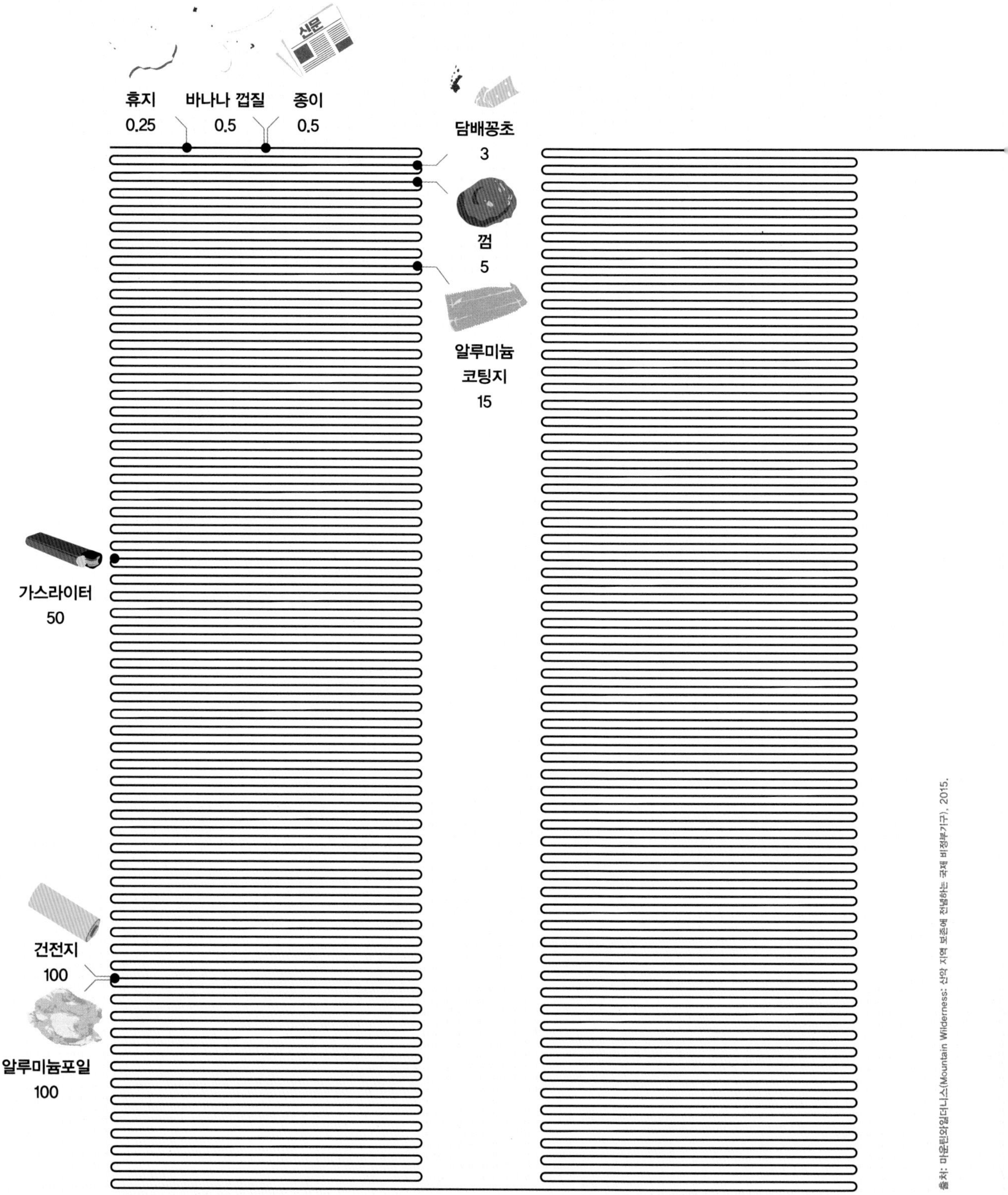

출처: 마운틴와일더니스(Mountain Wilderness: 산악 지역 보존에 전념하는 국제 비정부기구), 2015.

사라지는 데 얼마나 걸릴까?

일상 속 물건들이 분해되어 사라지는 데 걸리는 시간

분해되는 데 걸리는 햇수

알루미늄 캔
500

바나나 껍질을 자연에 버리는 것은 그다지 훌륭한 행동은 아니다. 하지만 바나나 껍질은 적어도 반년 정도면 사라진다. 아주 작은 유기체와 박테리아, 곰팡이가 바나나 껍질을 분해하기 때문이다. 우리가 가지고 갔던 물건들을 숲에 버리면, 그것들은 거기 아주 오랜 시간 남아 있게 된다. 이론적으로는 우리의 손자의 손자의 손자의 손자의 손자의 손자가 숲에서 우리가 버린 페트병을 찾아낼 수 있다.

페트병
400

어떤 자동차가 가장 많이 팔릴까?

가장 인기 있는 자동차와 몇 가지 의문들

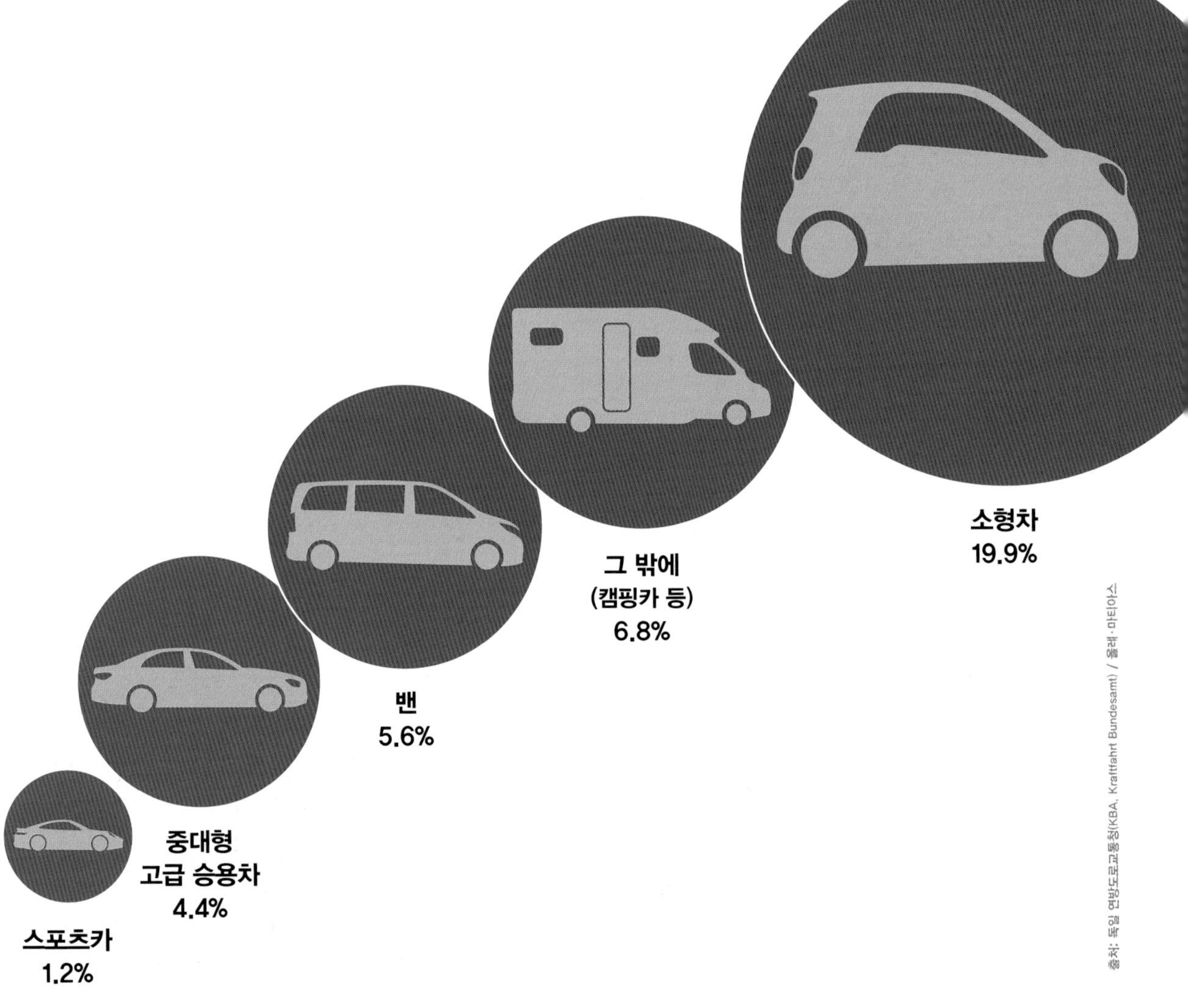

출처: 독일 연방도로교통청(KBA, Kraftfahrt Bundesamt) / 올레·마티아스

원의 크기 – 2019년 등록된 새 자동차 비율

뭔가 조금 이상하다. 독일에는 자동차가 다니기 좋은 포장도로가 아주 많고 새로운 도로도 계속 만들어지고 있다(동시에 자연 역시 계속 사라지는 중이다). 하지만 독일인들이 가장 많이 구매하는 자동차는 SUV와 픽업트럭이다. 이 두 종류의 차량은 숲이나 들판 길에 더 적합한데도 말이다. 우리나라에서도 2021년 판매된 자동차 중 SUV가 차지하는 비율이 57.2%나 된다. 독일과 한국의 도시 어디에 숲과 들판 길이 존재하는가? SUV는 차체가 무거워서 기름을 많이 소비한다. 게다가 충돌 사고가 나면 자전거 운전자와 보행자에게 특히 더 위험하다.

북극곰은 몇 마리나 남았을까? 앞으로도 북극곰을 볼 수 있을까?

60년 전과 80년 뒤의 시간을 오늘날과 비교해 보자.

1960년부터 2020년까지
증가한 이유

사냥 금지

2020년
북극곰 개체 수
약 25,000마리

1960년
북극곰 개체 수
약 5,000~10,000마리

오늘날 북극곰이 얼마나 많이 살고 있는지 정확히 아는 사람은 아무도 없다. 북극곰의 개체 수를 해마다 조사하는 건 아니라서 우리는 그저 개체 수를 추측할 뿐이다. 과거에 북극곰이 얼마나 많이 있었으며, 또 미래에는 얼마만큼 존재할지를 아는 것은 훨씬 더 어려운 일이다. 이러한 숫자들은 모두 추정한 수치일 뿐이다! 그리고 여러분이 과학자라 할지라도 틀릴 수 있다. 어쨌든 미래에는 여전히 많은 가능성이 열려 있다. 만약 사람들이 행동을 바꾼다면 북극곰의 멸종은 아직 확정된 일이 아니다!

2100년까지 멸종 가능성이 존재하는 이유

빙하의 감소
(지구온난화의 영향으로)

기념 삼아 하는
북극곰 사냥

유전과 천연가스 개발을
위한 채굴

선박 운항

해양오염

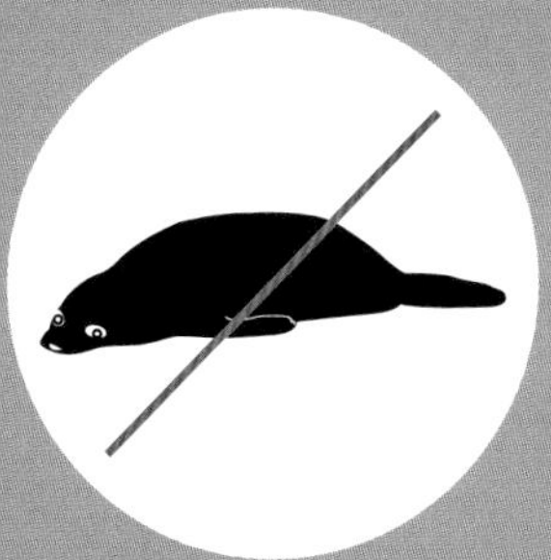

북극곰의 주요 먹이인
바다표범 등의 개체 감소

관광객의 생태 파괴

2100년
북극곰 개체 수
0마리
(추정 또는 예측)

출처: 메르카토르재단(Stiftung Mercator)·자연기후변화(Nature Climate Change), 2020. 8., 732~738쪽.

우유와 대체유가 숨기고 있는 것은?

다섯 종류의 우유가 환경에 끼치는 영향 비교

귀리우유를 마시는 것이 가장 좋지만, 이는 취향과 입맛의 문제이기도 하다. 여기에 나오는 모든 음료는 맛이 다 다르다. 예를 들어 같은 귀리우유라 하더라도 제조업체에 따라 맛이 다르다. 한번 시도해 보기를 추천한다! 게다가 귀리를 기르는 것은 기후변화를 막는 데도 좋다!

리터당 물 소비량

온실가스 배출량을 킬로그램당 CO_2 환산량으로 계산

그램당 인산염 환산량phosphate-equivalent (인산염은 비료와 합성세제 등을 통해 강과 호수에 흘러들어 녹조와 적조를 일으키는 수질오염 물질이다.)

출처: 푸어·네메체크(Poore & Nemecek), 2018. / 독일 소비자평가(Stiftung Warentest), 2020. 5.

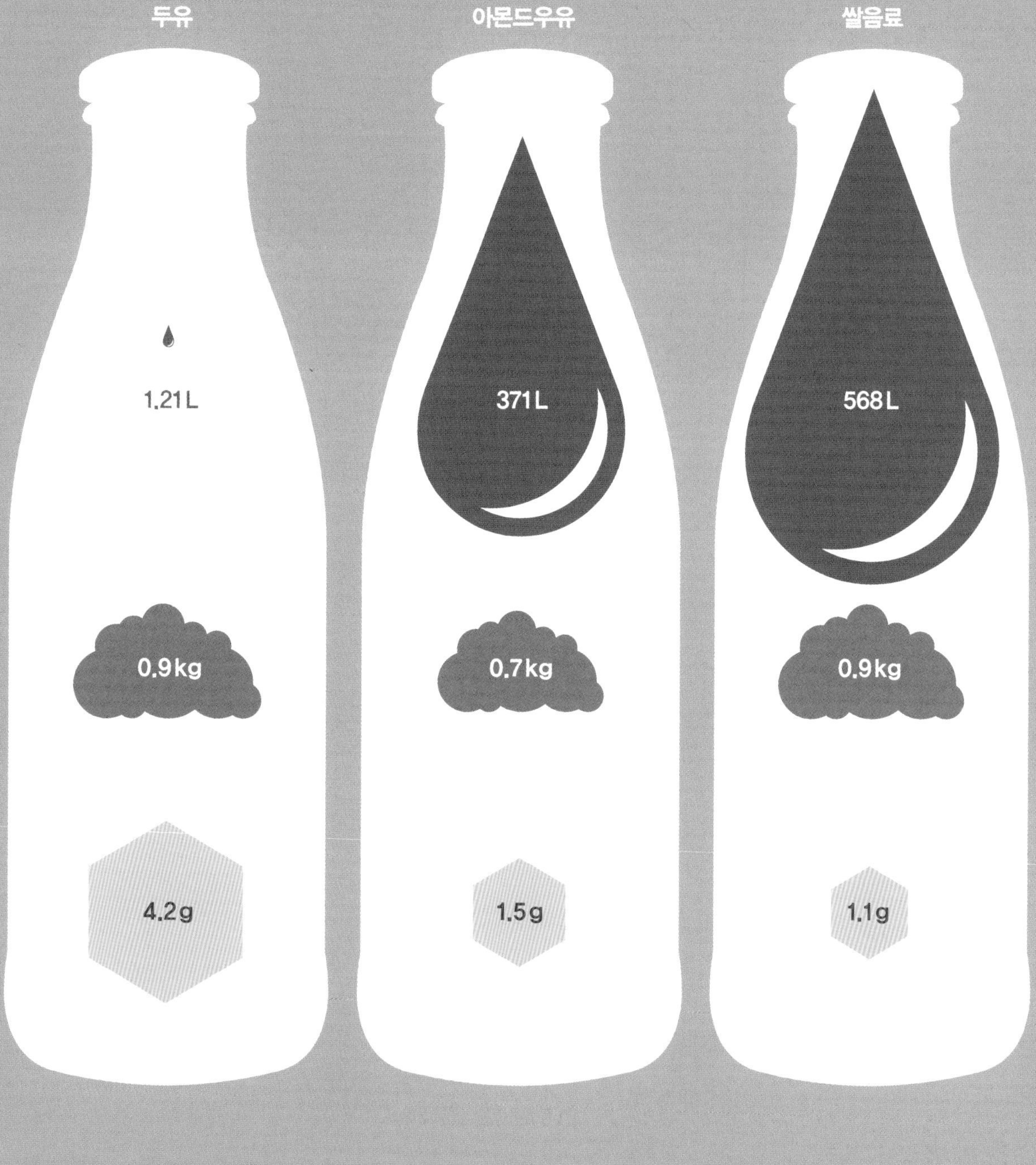
두유
1.21L
0.9kg
4.2g
아몬드우유
371L
0.7kg
1.5g
쌀음료
568L
0.9kg
1.1g

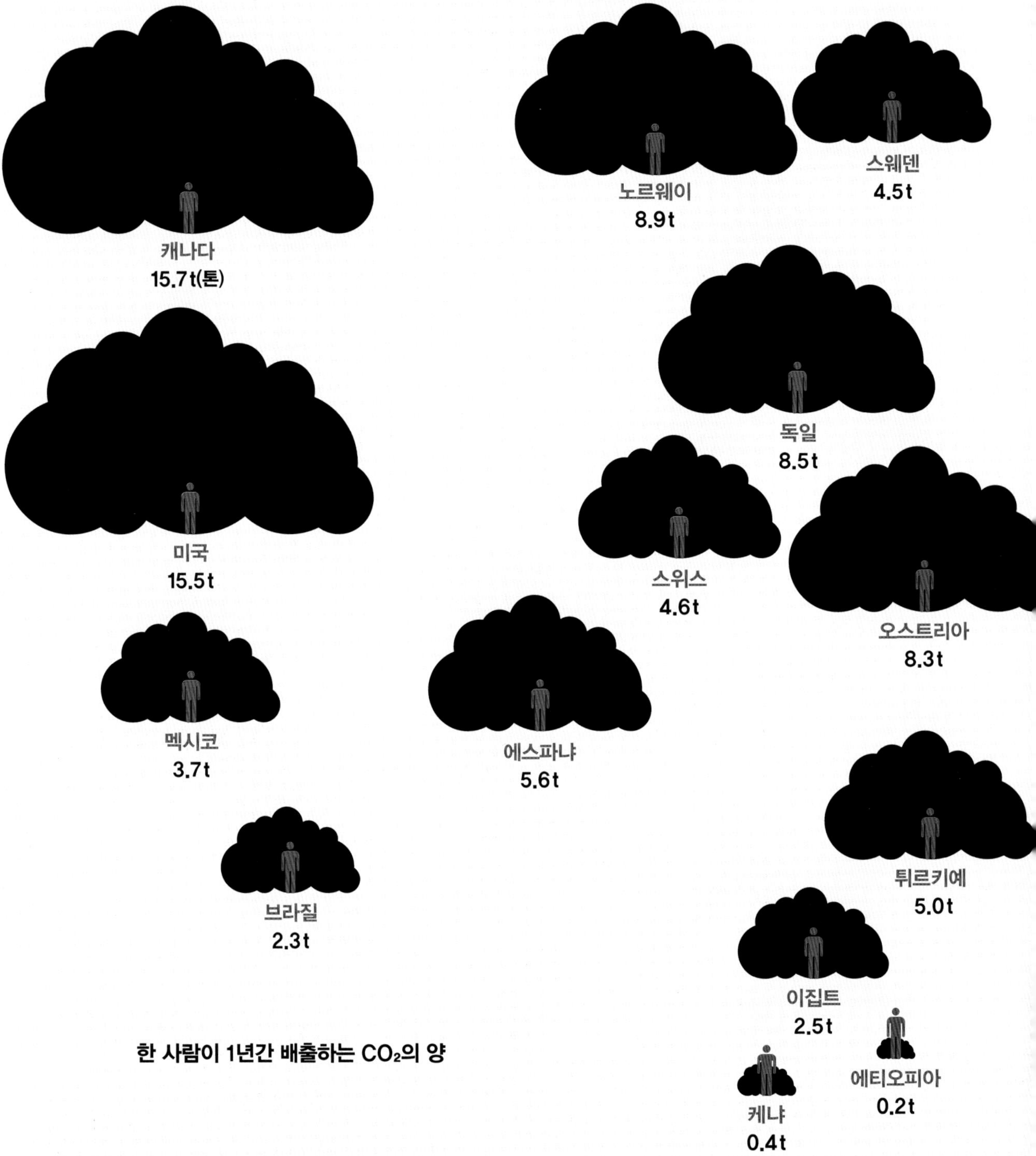

나라마다 국민 한 사람이 배출하는 탄소의 양은?

우리를 둘러싼 구름

수치를 보면 실제로는 작은 나라인 카타르가 눈에 띌 것이다. 카타르는 2022년 월드컵 경기 개최국으로, 매우 더운 지역이지만 아주 부유한 국가이다. 많은 집과 경기장이 에어컨으로 시원함을 유지한다. 다시 말해 전기를 엄청나게 많이 소비한다. 또한 독일과 대한민국 모두 환경보호에 있어서는 전혀 세계 챔피언이 아니다

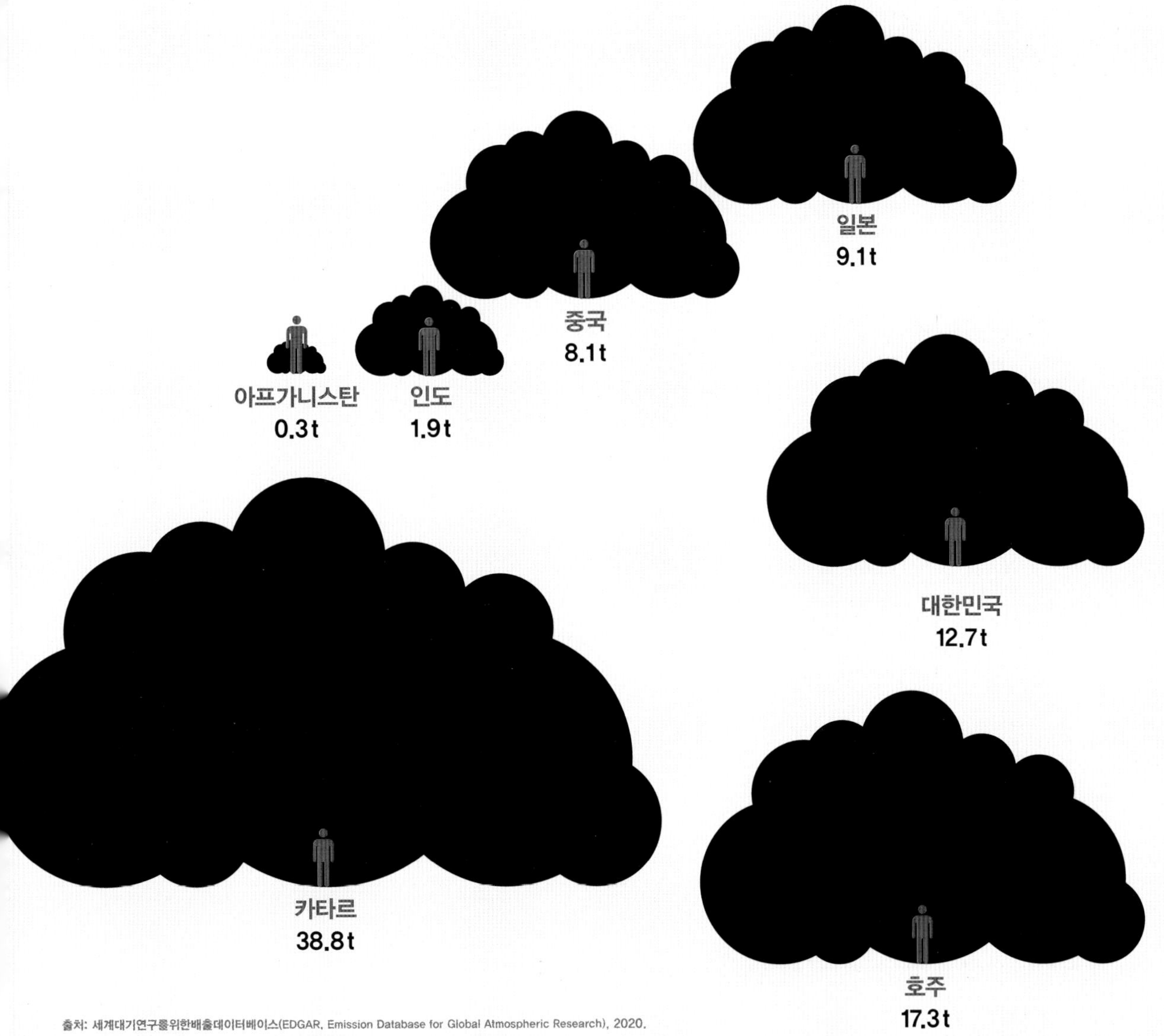

출처: 세계대기연구를위한배출데이터베이스(EDGAR, Emission Database for Global Atmospheric Research), 2020.

의도와 행동은 왜 차이가 날까?

얼마나 많은 사람이 동물 복지에 기꺼이 더 많은 돈을 쓰고 있을까? 또 얼마만큼의 사람들이 그 원칙을 지키고 있을까?

동물에게 더 나은 환경을 보장한다면 해당 음식물 구매에 더 높은 가격을 '분명히' 그리고 '기꺼이' 지불하겠다고 응답한 사람의 비율:
43%

예를 들어 누군가 여러분에게 "네 방을 언제 치울 거야?"라고 묻는다면 여러분은 지금 바로 방을 청소할 생각이었다고 대답할 것이다. 그러나 실제로 행동에 옮기려는 사이 꼭 무슨 일이 생기고는 한다. 솔직히 말해, 그런 일은 몹시 자주 일어난다. 가끔은 어른들도 마찬가지다. 어른들 역시 "대량생산된 값싼 고기를 사겠는가?"라는 질문에 아니라고 대답한다. 하지만 막상 슈퍼마켓에 가면 그런 고기를 구매한다. 때때로 사람들이 하고자 하는 의도와 실제로 행동으로 옮기는 일에는 큰 차이가 존재한다.

출처: 영양 리포트(Ernährungsreport), 2018. www.fleischwirtschaft.de

판매되는 육류 중 동물 복지 육류가
차지하는 비율:
1% 미만

어떤 반려동물이 기후에 가장 나쁜 영향을 줄까?

친환경 발자국

연간 배출한 CO_2 환산량에 따른 기후변화 가능성*

반려동물을 키우는 것은 너무나 멋진 일이지만, 유감스럽게도 반려동물 역시 인간과 마찬가지로 기후에 나쁜 영향을 끼치는 온실가스를 만들어 낸다. 말은 특히 더 그렇다. 말 세 마리는 인간 한 명과 비슷한 정도로 기후에 나쁜 영향을 끼친다. 환경을 걱정하는 한편으로 반려동물을 원한다면 어항에서 키울 수 있는 물고기나 관상용 새를 고려해 봄 직하다. 만약 개를 키운다면 몸집이 큰 개보다 작은 개가 더 낫다. 왜냐하면 가장 기본적인 법칙이 있기 때문인데, 바로 반려동물의 몸집이 크면 클수록 더 많은 음식을 소비하고, 그럴수록 기후에 더 큰 영향을 끼친다는 것이다.

말
3,154

* 기후에 나쁜 영향을 주는 다른 유해가스의 배출량을 등가의 CO_2 양으로 환산한 것이다. CO_2-equivalent 혹은 줄여서 CO_2-eq로 표기한다.

출처: J. 안나하임 · N. 융클푸트, 『말의 생태학적 평가와 다른 반려동물』

애플 아이폰과 페어폰이 싸운다면?

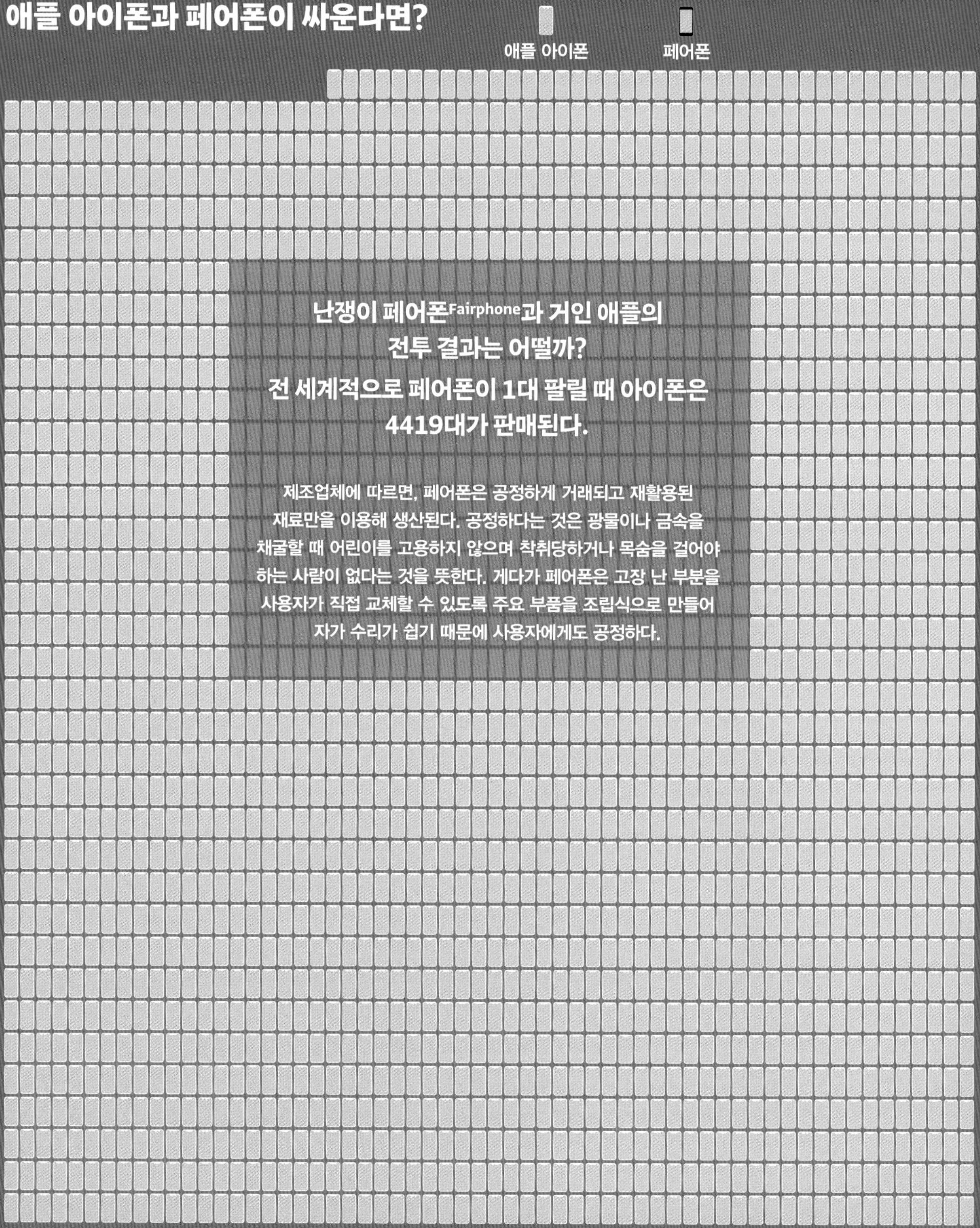

난쟁이 페어폰Fairphone과 거인 애플의 전투 결과는 어떨까?
전 세계적으로 페어폰이 1대 팔릴 때 아이폰은 4419대가 판매된다.

제조업체에 따르면, 페어폰은 공정하게 거래되고 재활용된 재료만을 이용해 생산된다. 공정하다는 것은 광물이나 금속을 채굴할 때 어린이를 고용하지 않으며 착취당하거나 목숨을 걸어야 하는 사람이 없다는 것을 뜻한다. 게다가 페어폰은 고장 난 부분을 사용자가 직접 교체할 수 있도록 주요 부품을 조립식으로 만들어 자가 수리가 쉽기 때문에 사용자에게도 공정하다.

출처: 「가디언」, www.iphone-ticker.de

누가 더 나아졌을까, 누가 더 나빠졌을까?

아래 13종의 동물과 식물을 자세히 살펴보자.
그들의 색깔로 2013년 이후 개체 수의 변화를 알 수 있다.

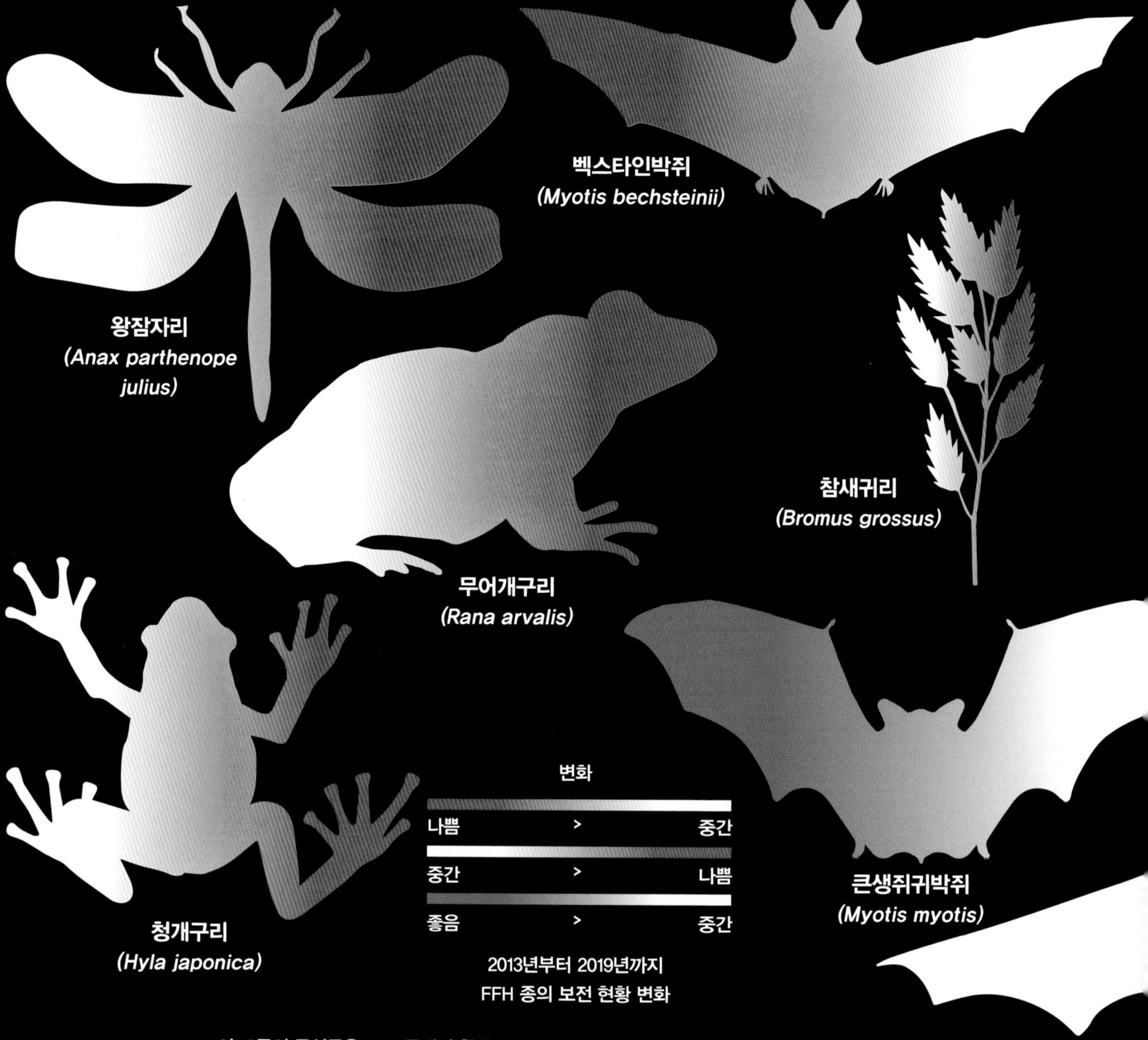

2013년부터 2019년까지
FFH 종의 보전 현황 변화

이 13종의 동식물은 FFH 종에 속한다. FFH란 Flora-Fauna-Habitat의 약어로, '식물 세계-동물 세계-생활공간'을 뜻한다. 유럽연합은 야생 동식물 보호를 목표로 지침을 만들었다. 여기에 실린 13종은 꼭 보호해야 하는 동식물들로, 이들의 현황 파악을 위한 보고서를 2년에 한 번씩 작성해 왔다. 이 조치는 과연 효과를 거두었을까? 여기서 확인할 수 있듯이 13종 중 단 2종만이 전보다 나은 결과를 보였다.

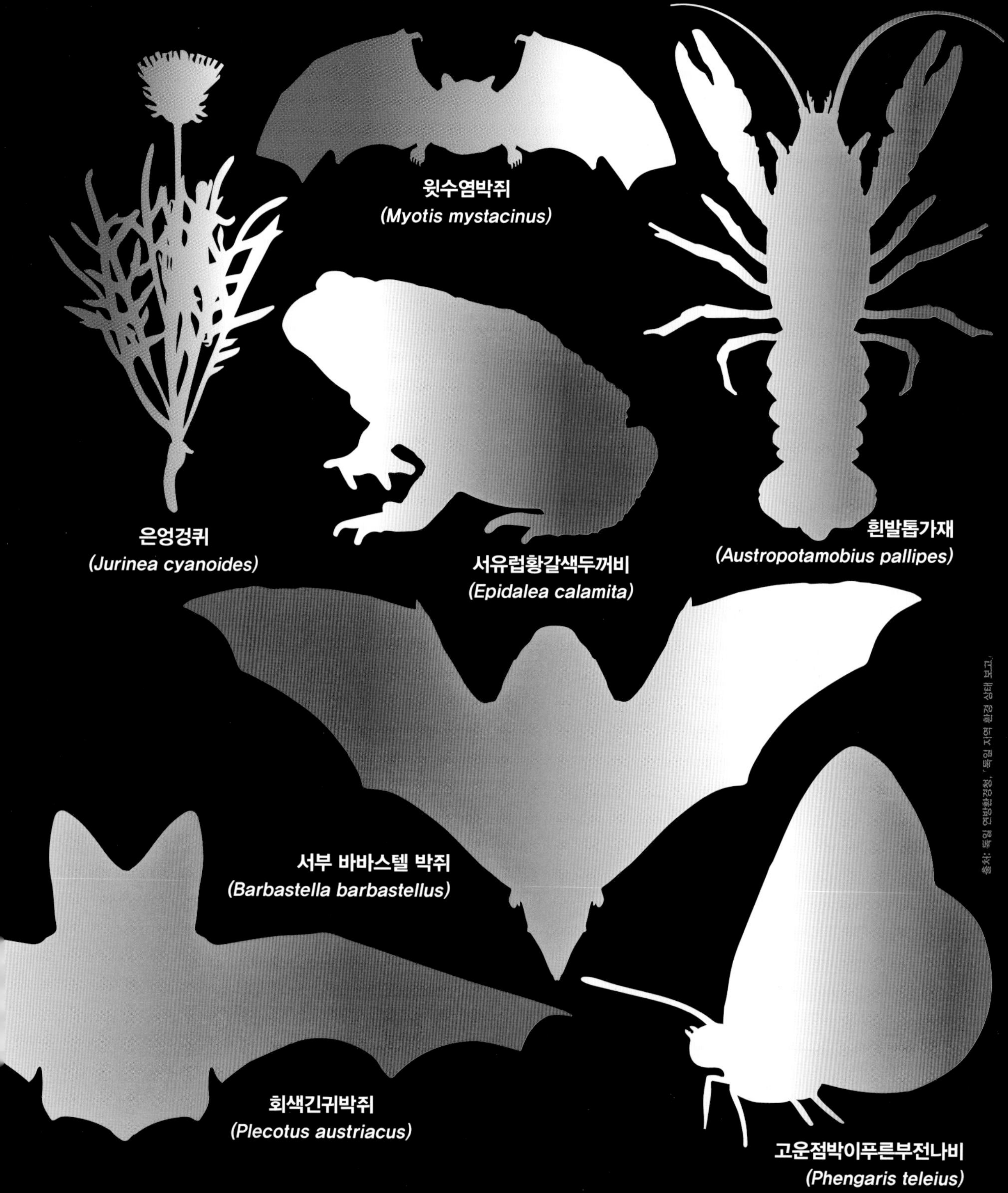

출처: 독일 연방환경청, ‘독일 지역 환경 상태 보고’

햄버거 패티 한 장은 기후를 얼마나 위협할까?

햄버거 vs. 버섯버거: 기후에 끼치는 영향 비교

다진 고기 100그램으로 만든 햄버거 패티 한 장을 CO_2로 환산하면 약 615그램의 버섯과 같다. 버섯으로도 버거를 만들 수 있다. 햄버거빵 크기에 딱 맞는 포토벨로버섯을 사용하면 좋다. 버거에 들어가는 패티의 양은 보통 100그램 이하이므로 615그램 나가는 버섯으로는 6개의 버거를 만들 수 있다. 아니면 고기 패티를 넣은 일반적인 햄버거보다 6배 더 두꺼운 버거를 만들 수도 있다. 만약 여러분이 그렇게 큰 버거를 먹을 수 있다면 말이다!

출처: 기후주의자 www.klimatarier.com / 옮김: 마티아스

'기후'는 뉴스에 얼마나 자주 등장했을까?

언론은 기후변화와 CO_2 배출량 증가에 관해 얼마나 열심히 사람들에게 알렸을까?

신문과 잡지 기사에 실린 100만 단어당 '기후변화' 및
'기후 재앙'이라는 용어가 나오는 빈도를 CO_2 기호로 표시했다.

1988년
150만 건

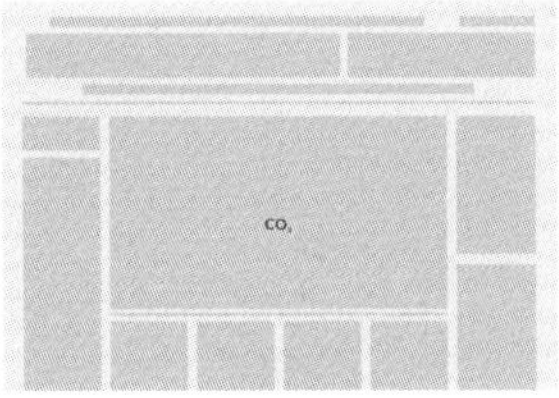

1989년
170만 건

1990년
180만 건

1991년
200만 건

1996년
140만 건

1997년
140만 건

1998년
170만 건

1999년
180만 건

2004년
1,280만 건

2005년
1,600만 건

2006년
1,990만 건

2007년
2,240만 건

2012년
2,020만 건

2013년
1,860만 건

2014년
1,980만 건

2015년
2,190만 건

출처: 「디지털 독일어 사전(Digitales Wörterbuch der deutschen Sprache)」 / 베를린-브란덴부르크과학학술회(Berlin-Brandenburgische Akademie der Wissenschaften)

신문과 잡지는 오랫동안 기후변화에 관한 기사를 다뤄 왔다. 따라서 사람들은 이 주제를 이미 오래전부터 알고 있었다. 하지만 그 오랜 시간 동안 기후변화는 부차적인 주제로 여겨졌다. 이는 어쩌면 기후를 보호할 시간을 낭비한 것일 수 있다. 사람들은 기후 문제를 알고 있었지만 진짜 행동에 나설 만큼 중요하다고 여기지 않았다. 최근에야 이 주제가 자주 중요하게 언급되었기 때문이다.

1992년
210만 건

1993년
190만 건

1994년
160만 건

1995년
140만 건

2000년
210만 건

2001년
260만 건

2002년
370만 건

2003년
540만 건

2008년
2,390만 건

2009년
2,500만 건

2010년
2,560만 건

2011년
2,040만 건

2016년
2,950만 건

2017년
3,150만 건

2018년
3,450만 건

2019년
3,690만 건

먹어도 되는 물고기가 따로 있을까?

물고기라고 다 같은 물고기가 아니다. 환경에 끼치는 영향을 걱정하지 않고 거리낌 없이 먹어도 되는 물고기와 더 이상 먹으면 안 되는 물고기는 무엇인지 알아보자.

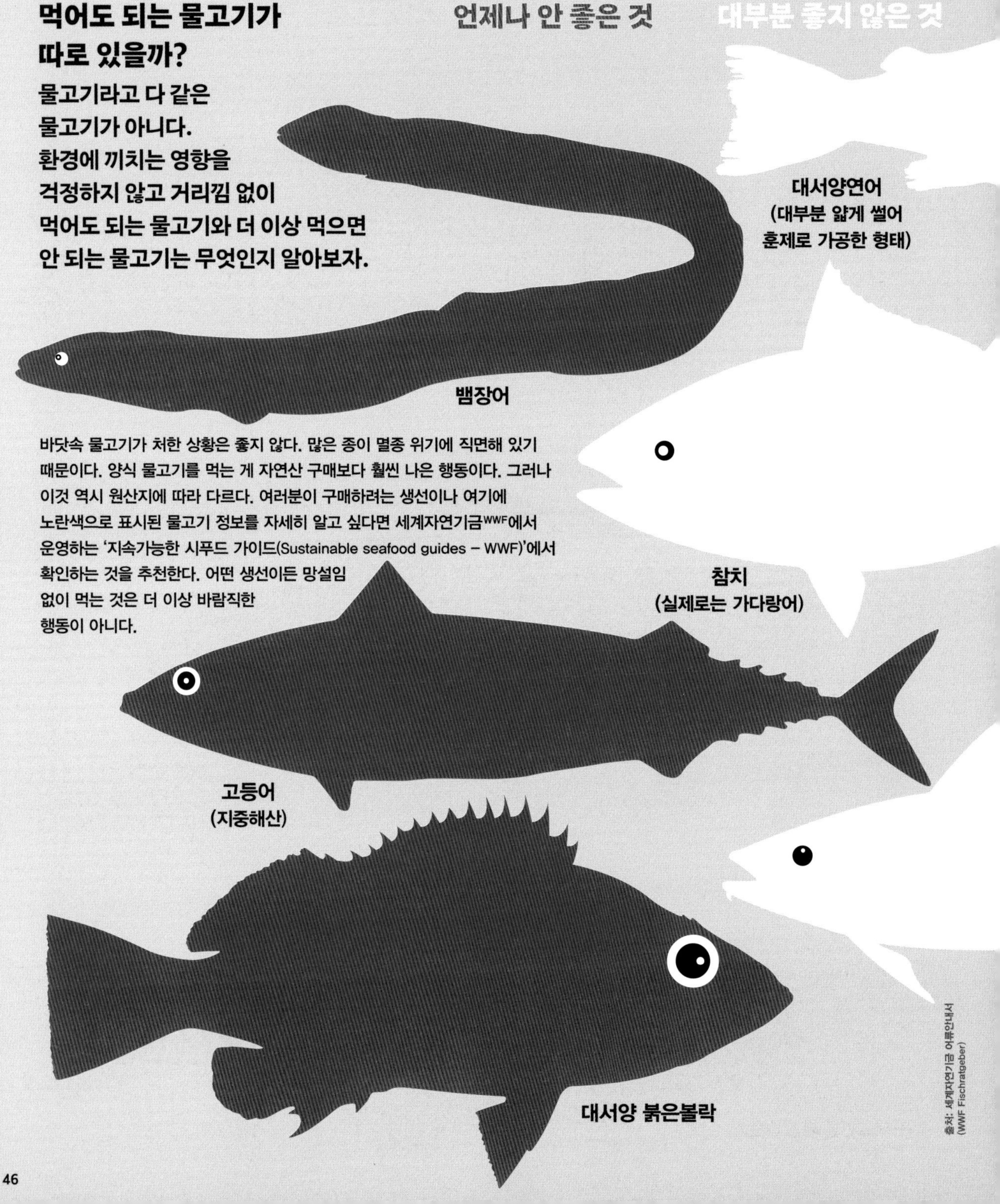

바닷속 물고기가 처한 상황은 좋지 않다. 많은 종이 멸종 위기에 직면해 있기 때문이다. 양식 물고기를 먹는 게 자연산 구매보다 훨씬 나은 행동이다. 그러나 이것 역시 원산지에 따라 다르다. 여러분이 구매하려는 생선이나 여기에 노란색으로 표시된 물고기 정보를 자세히 알고 싶다면 세계자연기금WWF에서 운영하는 '지속가능한 시푸드 가이드(Sustainable seafood guides – WWF)'에서 확인하는 것을 추천한다. 어떤 생선이든 망설임 없이 먹는 것은 더 이상 바람직한 행동이 아니다.

출처: 세계자연기금 어류안내서
(WWF Fischratgeber)

먹어도 되는 것

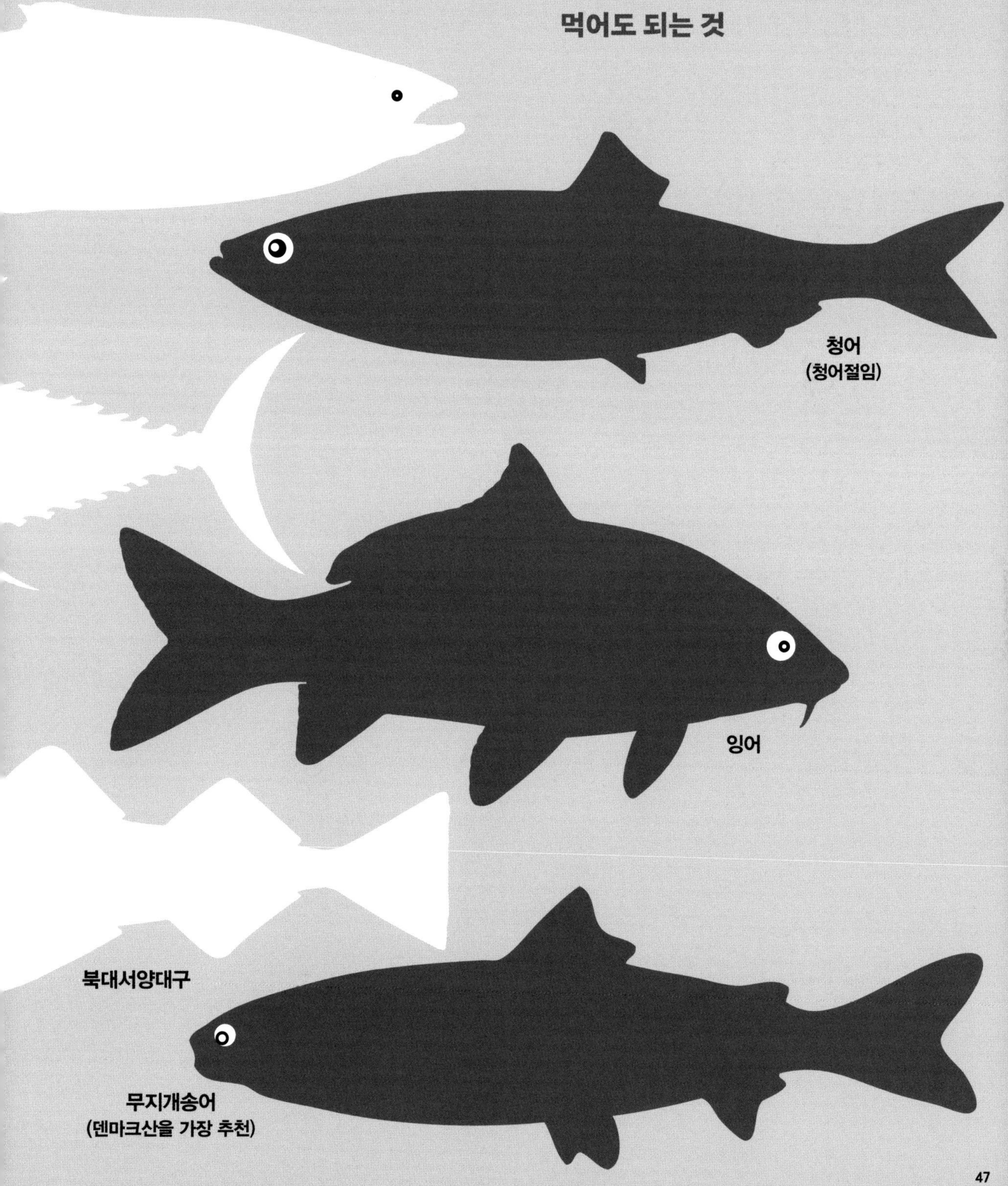

전기 자동차는 실제로 환경에 얼마나 이로울까?

최근 들어 너도나도 전기 자동차를 추천한다. 하지만 다른 교통수단과 비교해 보자.

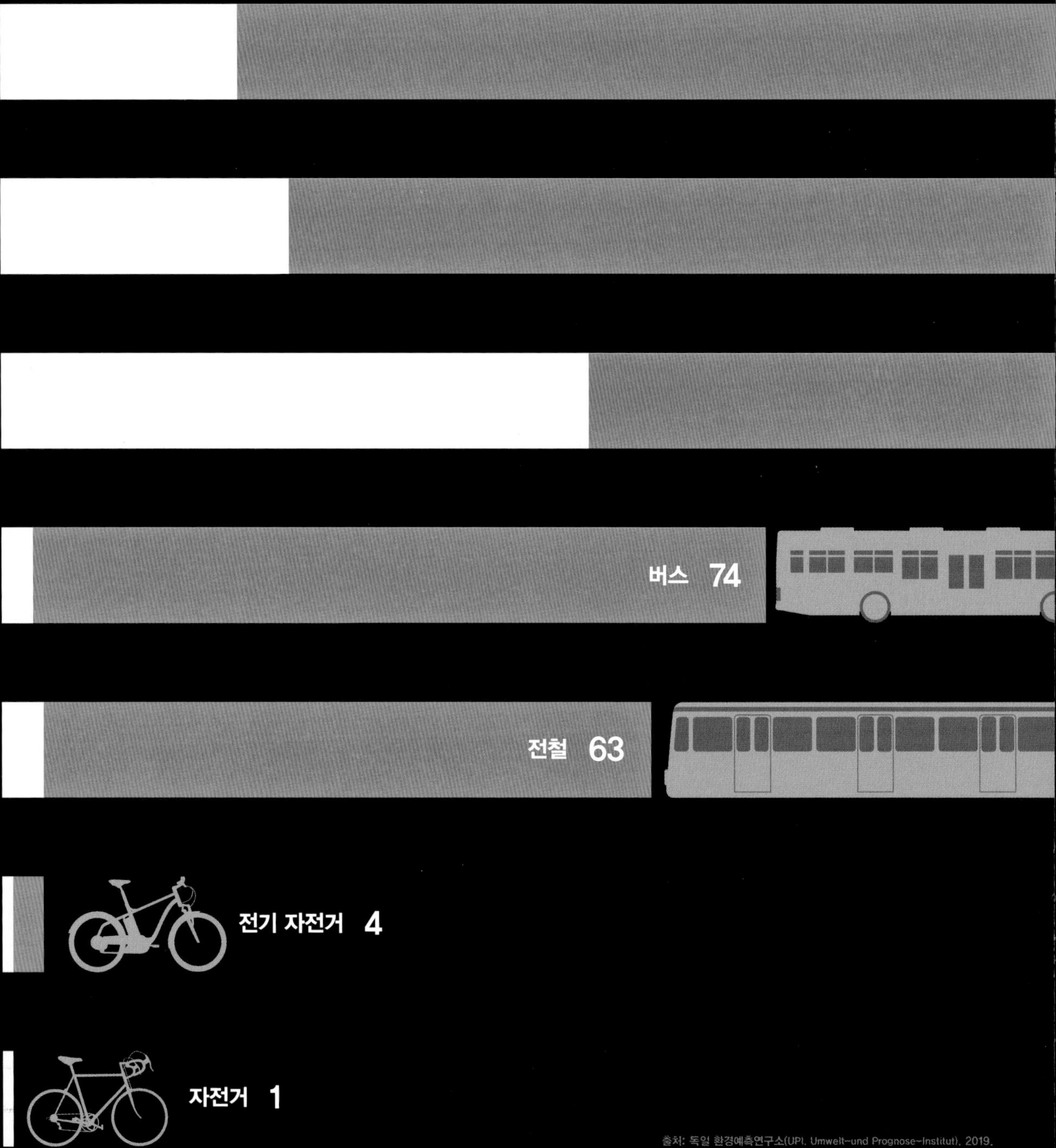

출처: 독일 환경예측연구소(UPI, Umwelt-und Prognose-Institut), 2019.

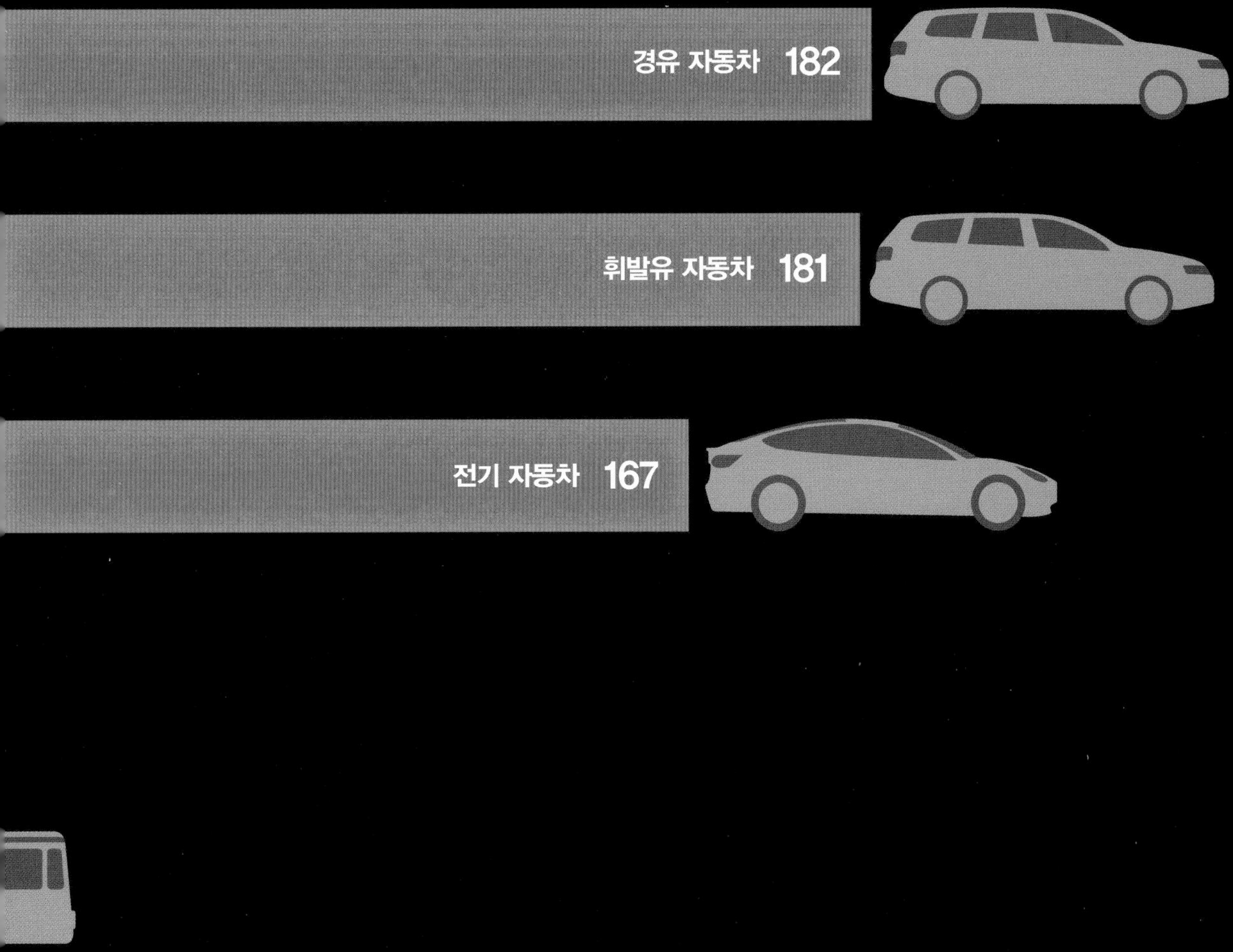

이 그림은 1킬로미터당, 그리고 1인당 몇 그램의 CO_2를 배출하는지 보여 준다.
노란색 막대는 해당 교통수단을 생산하는 동안 발생하는 CO_2의 양을 나타내며,
주황색 막대는 주행하는 동안 발생하는 CO_2의 양을 나타낸다.

전기 자동차는 도시의 대기오염을 줄인다. 좋은 일이다. 그러나 "그것으로 기후변화를 막을 수 있을까?"라는 의문이 든다. 그림에서 보듯 전기 자동차 역시 많은 양의 CO_2를 배출한다. 주행 중 배출량은 다른 차들보다 적지만, 배터리 생산 과정에서 많은 CO_2가 발생하기 때문이다.

땅콩버터 바른 토스트 한 장에는 얼마나 큰 숲이 들어 있을까?

간편한 아침 식사로 먹어 치운 9제곱센티미터의 팜유 농장

토스트 한 장에 바르는 땅콩버터의 양은 약 20그램이다.

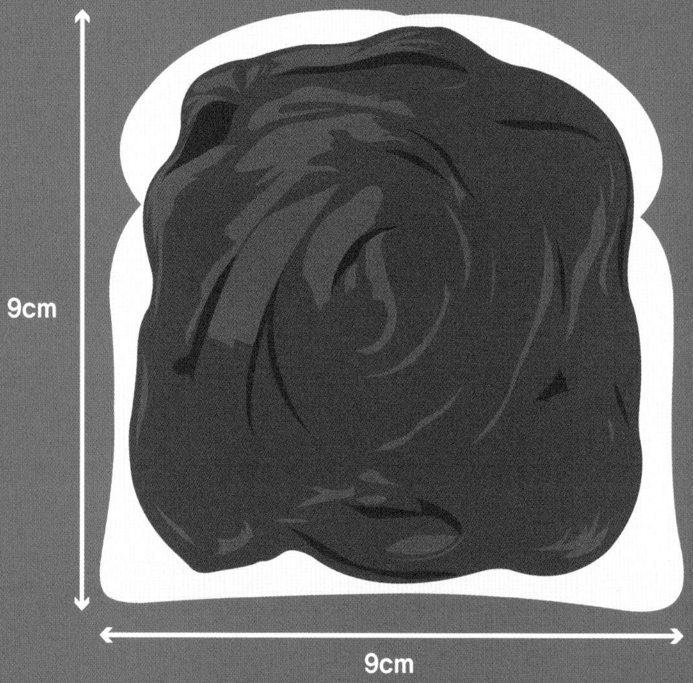

땅콩버터 대부분에는 팜유가 들어 있다. 팜유는 팜나무(기름야자)의 씨앗을 감싼 펄프에서 얻는다. 팜나무는 열대우림의 원시림을 개간해 만든 농장에서 기른다. 토스트 한 장에 바르는 땅콩버터를 생산하는 데 얼마만큼의 숲이 필요할까? 식빵 한 장에는 초콜릿헤이즐넛크림 또는 땅콩버터를 20그램 정도 바를 수 있다. 여기에는 팜유가 최대 5그램 들어 있다. 1헥타르(100×100미터) 크기의 농장에서 365일 동안 팜유가 얼마만큼 생산되는지 데이터가 공개되므로, 이를 이용해 하루 평균 팜유 생산량을 알 수 있다. 이렇게 계산하면 식빵 한 장에 바를 만큼의 초콜릿헤이즐넛크림 또는 땅콩버터를 만드는 데 가로세로 11.9센티미터 길이의 농장이 필요하다. 토스트한 식빵 한 조각의 넓이는 약 9제곱센티미터이다. 그렇다면 우리가 할 수 있는 일은 무엇일까? 제품 라벨을 보고 팜유가 들어 있지 않은 땅콩버터를 사거나 친환경 공정무역으로 생산된 팜유가 든 땅콩버터를 사는 것이다.

출처: 올레·마티아스 / 유기농업연구소(FIBL, Research Institute of Organic Agriculture), 「팜유 농장 헥타르당 수확량」 / 독일 소비자평가, 「크림에 들어가는 팜유 양」

팜나무 재배에 필요한 농장 면적

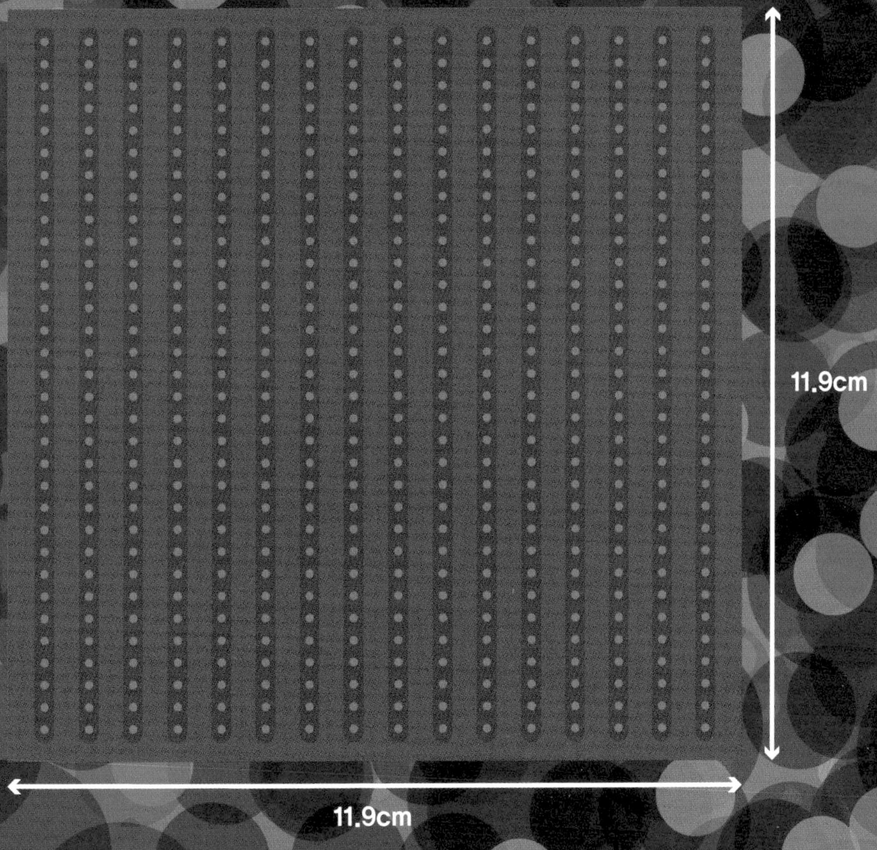

과일은 독성 물질에 얼마나 오염되었을까?

독일의 식품 안전 테스트 기관에서 6223여 개의 과일을 조사했다. 그중 얼마나 많은 과일이 독성 물질인 글리포세이트Glyphosate에 오염되었을까?

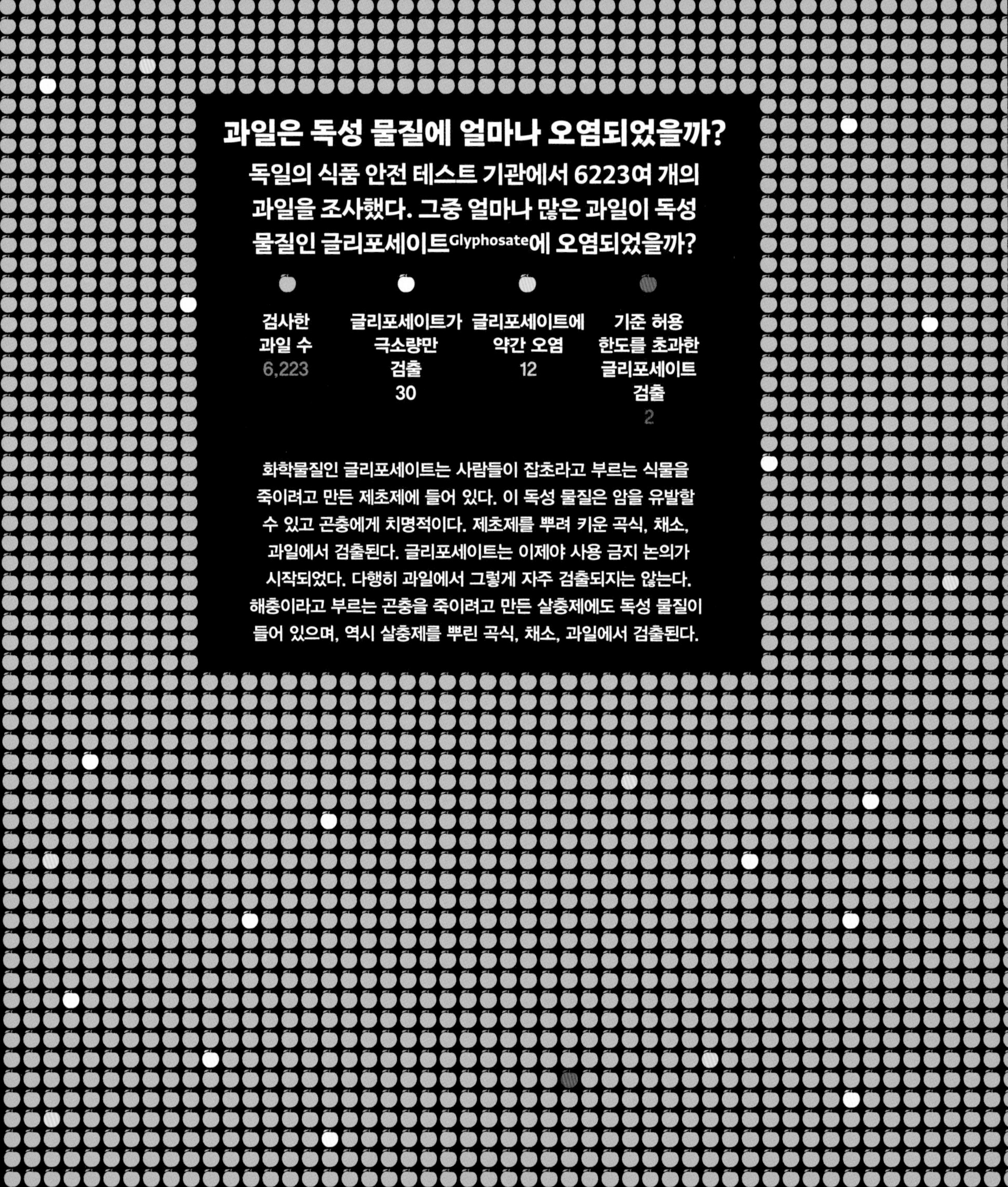

화학물질인 글리포세이트는 사람들이 잡초라고 부르는 식물을 죽이려고 만든 제초제에 들어 있다. 이 독성 물질은 암을 유발할 수 있고 곤충에게 치명적이다. 제초제를 뿌려 키운 곡식, 채소, 과일에서 검출된다. 글리포세이트는 이제야 사용 금지 논의가 시작되었다. 다행히 과일에서 그렇게 자주 검출되지는 않는다. 해충이라고 부르는 곤충을 죽이려고 만든 살충제에도 독성 물질이 들어 있으며, 역시 살충제를 뿌린 곡식, 채소, 과일에서 검출된다.

출처: 독일 슈투트가르트 화학·수의약품검사청(CVUA Stuttgart)

매달 버려지는 음식물의 가치는 얼마나 될까?

여러분이 받는 용돈과 그 가치를 비교해 보자.

매달
한 사람당
버리는 음식물 쓰레기의
가치:
19.5유로
(우리 돈 약 2만 8,000원)

전 세계 사람들은 날마다 음식을 버리고 있다. 집에 있는 식자재나 만들어 둔 음식이 상하거나 더는 맛있게 느껴지지 않아서이다. 버려지는 음식물의 가치를 계산하면 독일의 열한 살 어린이가 받는 한 달 용돈과 같다. 이 말은 누군가의 한 달 용돈 전부가 쓰레기통에 버려지고 있다는 뜻이다.

출처:
음식물 – 독일 연방식품농업부(BMEL, Bundesministerium für Ernährung und Landwirtschaft) / 올레 · 마티아스
용돈 – 독일 가족·노인·여성·청소년부(BMFSFJ, Bundesministerium für Familie, Senioren, Frauen und Jugend)

11세 어린이에게
권장되는
한 달 용돈:
18유로에서 20.5유로
(우리 돈 약 2만 6,000원에서
2만 9,000원)

전 세계 도시의 공기는 얼마나 깨끗하고 더러울까?

전 세계 도시의 공기오염도 비교

우리는 단지 전 세계의 몇몇 도시만 선택해 보여 줄 수 있다. 1세제곱미터당 마이크로그램으로 표시된 수치는 지름이 최소 2.5마이크로미터인 미세먼지 공기 입자를 나타낸 것이다. 마이크로그램과 마이크로미터는 각각 100만분의 1그램과 1미터를 뜻한다.

델리
인도 98.6

카불
아프가니스탄 58.8

아테네
그리스 22.3

카이로
이집트 18

런던
영국 11.4

케이프타운
남아프리카공화국 11.2

스톡홀름
스웨덴 6.1

뮌스터탈
독일 5.9

출처: 아이큐에어(IQAir), 2019.

공기 중에 입자가 섞여 흩어져도 입자 수와 크기, 오염도에 따라 도시 공기는 청정하거나 혼탁하다. 불행히도 가난한 도시일수록 공기가 나쁜 경우가 많다. 거주지가 밀집해 있고 난방에 석탄을 사용하며 자동차나 오토바이를 필터 없이 운행하기 때문이다. 그러나 선진국에도 공기가 나쁜 도시들이 있다.

베이징

중국 42.1

서울

대한민국 24.8

레겐스부르크

독일 14.5

로스앤젤레스

미국 12.7

베를린

독일 9.7

뉴욕

미국 7

레이카비크

아이슬란드 5.5

라티

핀란드 4.2(세계기록)

텔레비전은 기후에 어떤 영향을 끼칠까?

전자 기기의 종류와 화면 해상도, 데이터 전송 유형이 기후에 끼치는 영향

시간당 CO_2–eq*의 그램 단위로 표시했으며,
케이블의 두께는 해당 전자 기기가 기후에 끼치는 영향 정도를 나타낸다.

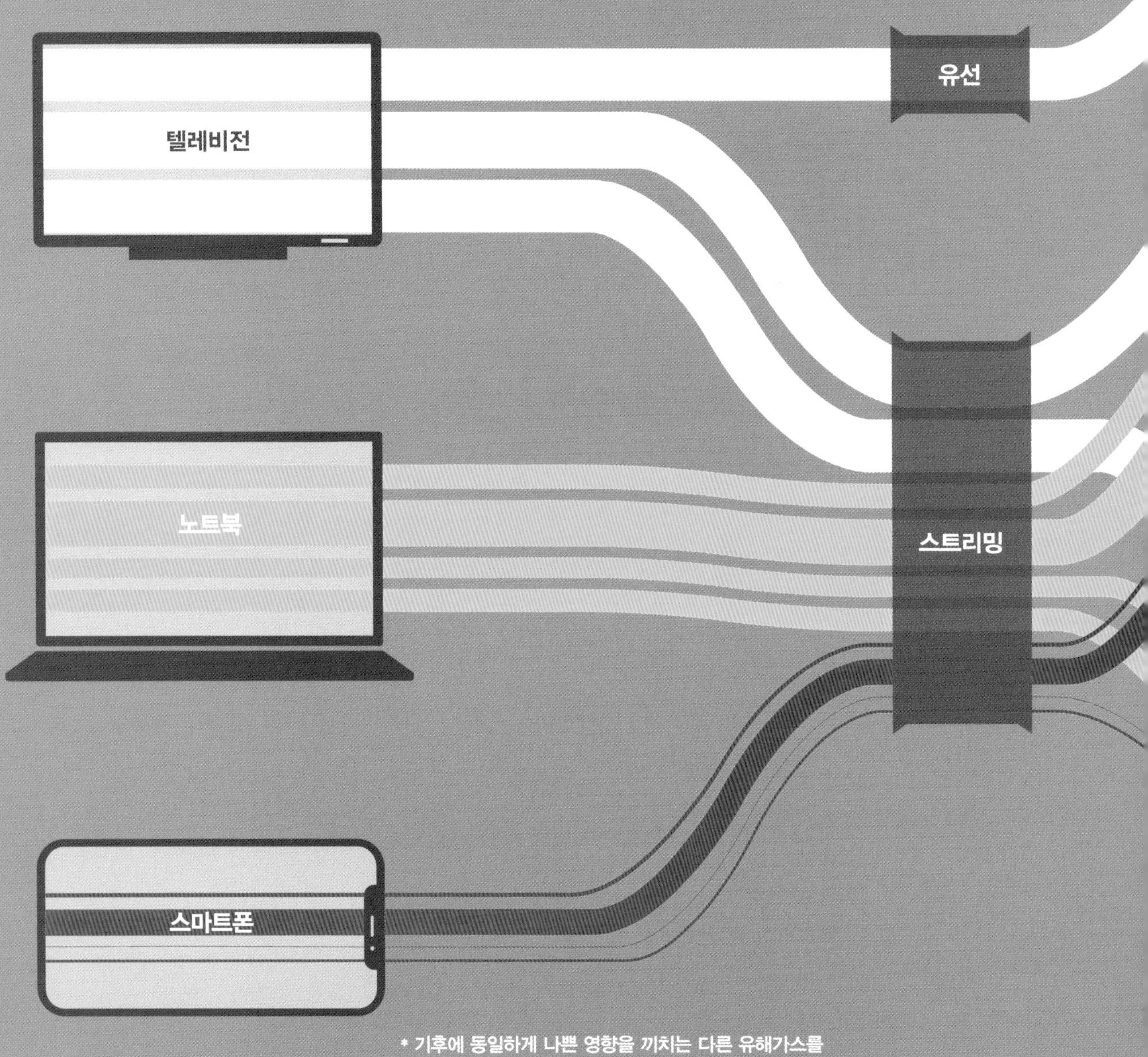

* 기후에 동일하게 나쁜 영향을 끼치는 다른 유해가스를
시간당 CO_2 배출량으로 환산해 계산한다.

출처: 독일 연방환경청, 2020. 9. / 올레·마티아스

우리는 65와트 출력의 텔레비전과 25와트 출력의 노트북을 기준으로 계산했다. 스마트폰의 CO_2-eq 값은 시간당 0.1그램으로 측정되었다.

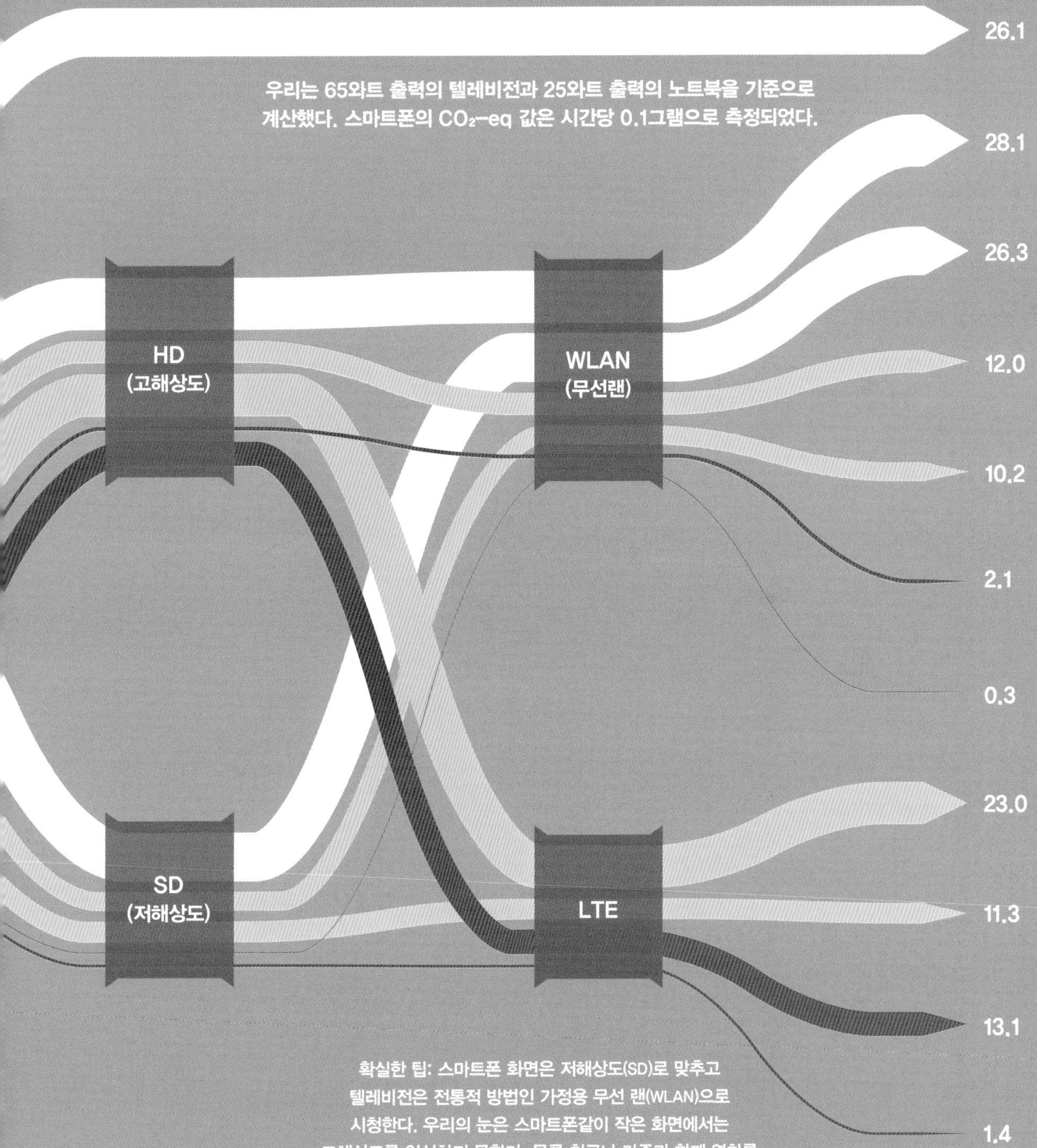

확실한 팁: 스마트폰 화면은 저해상도(SD)로 맞추고 텔레비전은 전통적 방법인 가정용 무선 랜(WLAN)으로 시청한다. 우리의 눈은 스마트폰같이 작은 화면에서는 고해상도를 인식하지 못한다. 물론 친구나 가족과 함께 영화를 즐길 때에는 고해상도가 더 나은 선택일 수도 있겠지만 말이다.

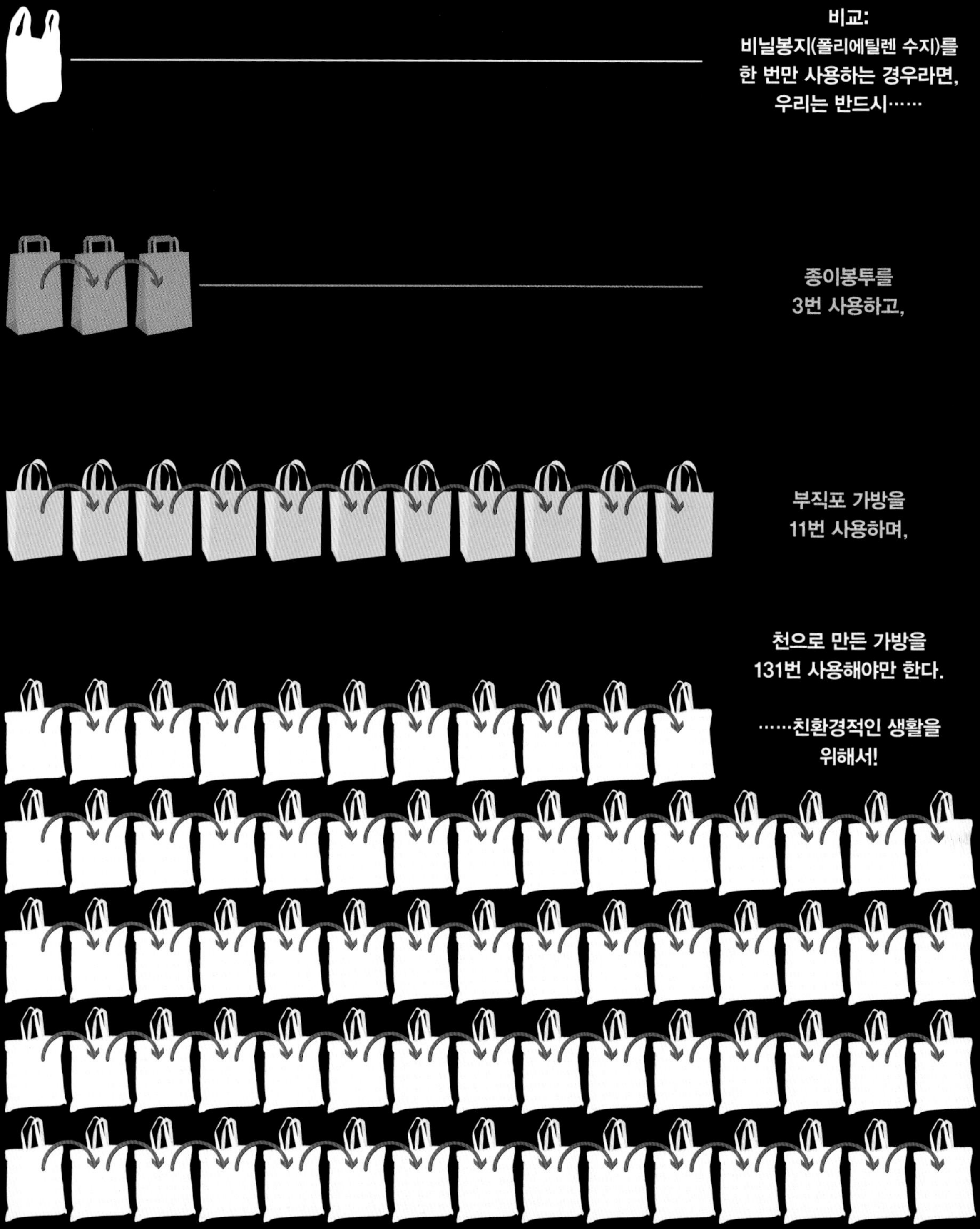

출처: 영국 환경청(Environment Agency), 2011.

에코백은 일회용 비닐봉지보다 더 친환경적일까?

일회용 비닐봉지 사용으로 생기는 환경오염을 상쇄하려면 다른 소재의 가방을 몇 번 들어야 하는지 계산해 보자.

물론 비닐봉지도 여러 번 사용할 수 있다. 비닐봉지를 3번 사용한다면 천 가방을 393번 사용해야만 환경에 더 나은 일일 수 있다. 단, 숫자를 너무 곧이곧대로 받아들여서는 안 된다. 이와 같은 주제에 대해 조금씩 다른 결론에 도달한 다양한 연구 결과가 있다. 그러나 수치 범위는 대략 비슷하다.

천으로 만든 에코백 대신 비닐봉지를 쓰는 것은 환경에 매우 나쁜 일처럼 들린다. 하지만 천 가방을 만들려면 목화를 재배하고 공장을 가동하는 데 많은 자원과 에너지를 쓰며 CO_2도 많이 배출한다. 일회용 비닐봉지를 만들 때보다 1343배 많이! 당장 여러분의 집에 몇 년간 아무도 사용하지 않은 천 가방이 몇 개나 있는지 한번 떠올려 보자. 유감스럽게도 이게 현실이다. 이는 좋은 일이 아니다. 물론 이 비교는 버려진 비닐봉지가 썩지 않는 플라스틱 쓰레기가 되어 토양을 오염시키고 동물들을 괴롭히고, 나중에는 미세플라스틱이 되어 바다를 오염시키는 문제를 고려하지 않았다. 중요한 건 어떤 가방이든 많이 사용할수록 환경과 기후에 좋다는 사실을 기억하는 것이다.

사람들은 왜 항상 새 스마트폰을 원할까?

한 설문 조사에서 12세에서 19세 사이의 청소년들이 새 스마트폰을 구입한 이유에 대해 답변했다.

사실 모두가 다 알고 있듯이, 스마트폰이 고장 나면 수리해서 최대한 오래 사용하는 것이 좋다. 그렇게 하면 새로운 제품을 생산하고 오래된 제품을 폐기할 필요가 없기 때문이다. 이 두 가지를 하지 않음으로써 환경을 보호할 수 있다. 그렇지만 우리에게는 "실은…….."으로 시작하는 갖가지 이유가 너무나 많다. 우리는 모두 남보다 멋져 보이고 싶어 하는 인간이므로 새로운 스마트폰을 사야 할 이유를 언제든 댈 수 있다. 그래서 이 설문에 응답한 청소년들 역시 그 이유를 댈 수 있었던 것이다. 평균적으로 설문에 응한 사람 대부분에게는 두 가지 정도의 이유가 있었고, 이 두 가지를 함께 대답한 사람도 몇몇 있었다. 그들이 답한 이유는 바로 새 스마트폰으로 바꾸고 싶을 때, 마침 가지고 있던 스마트폰이 고장 난 것이다. 그것도 아주 우연히! 정말, 우연히 말이다!

새로 출시된 최신 모델을 갖고 싶었다.

약정 기간이 끝나 할인가로 새 스마트폰을 선택할 수 있었다.

쓰던 스마트폰이 고장 났는데 더는 수리할 수 없었다.

새 스마트폰을 선물 받았다.

쓰던 스마트폰이 고장 났는데 수리하고 싶지 않았다.

분실했다.

친구들과 같은 모델을 가지고 싶었다.

도난당했다.

출처: 제임스포커스(JAMESfocus), 「휴대전화 억제와 지속성」, 2017.

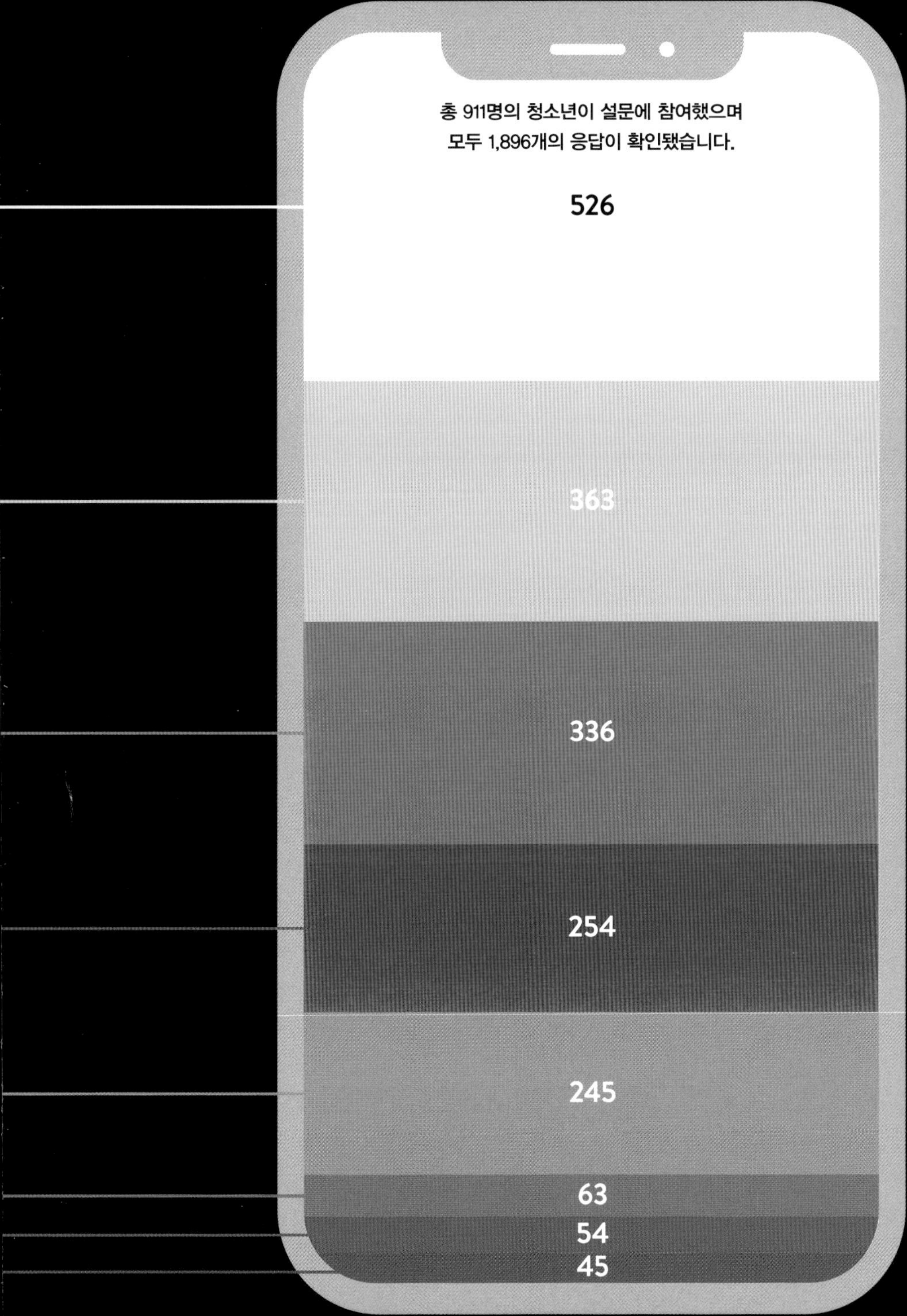
총 911명의 청소년이 설문에 참여했으며
모두 1,896개의 응답이 확인됐습니다.
526
363
336
254
245
63
54
45

꿀벌이 사라진다면 식물에 열리는 열매는 얼마나 줄어들까?

줄어드는 벌, 줄어드는 과일

식물 대부분은 열매를 맺으려면 벌의 도움이 필요하다. 벌은 식물의 꽃잎 사이를 헤치고 다니며 수분(꽃가루받이)을 돕는다. 자기 할 일을 하며 꽃가루를 옮기는 것이다. 다음 그림들은 독일에 있는 꿀벌이 대부분 없어진다면 각 식물의 수확량이 얼마나 줄어들지를 나타낸 것이다. 어쩌면 머지않은 미래에 현실이 될지도 모른다!

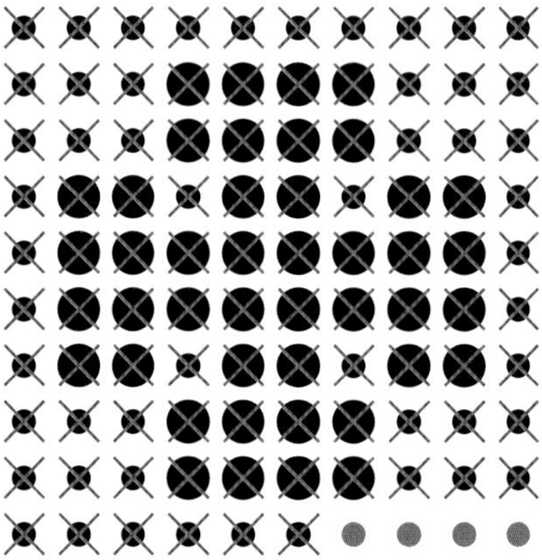

붉은토끼풀
96% 감소

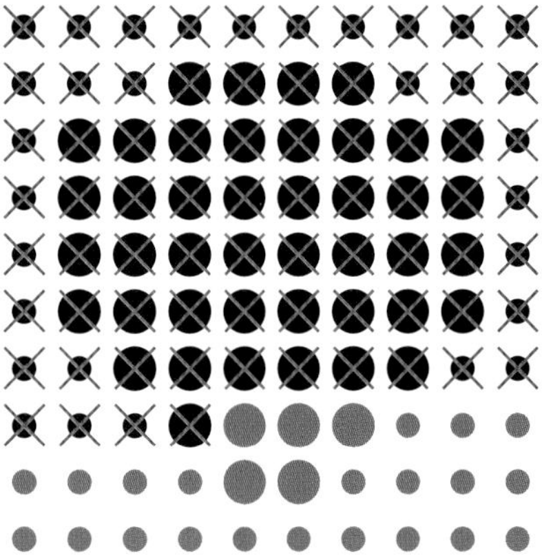

메밀
74% 감소

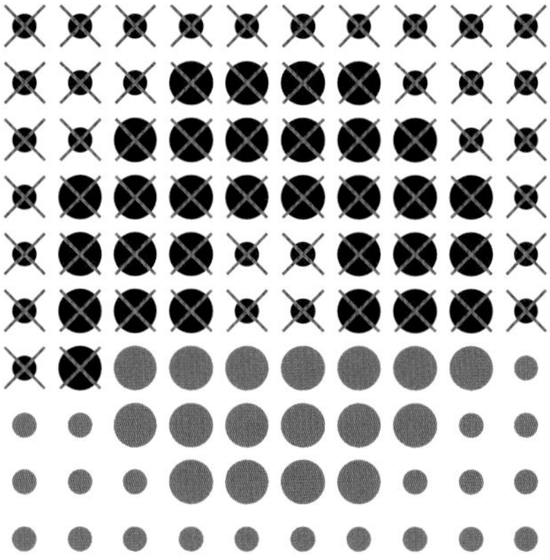

해바라기
최대 62% 감소

식물의 열매 또는 과일의 수확량이 얼마만큼 줄어드는지 백분율로 표시했다.

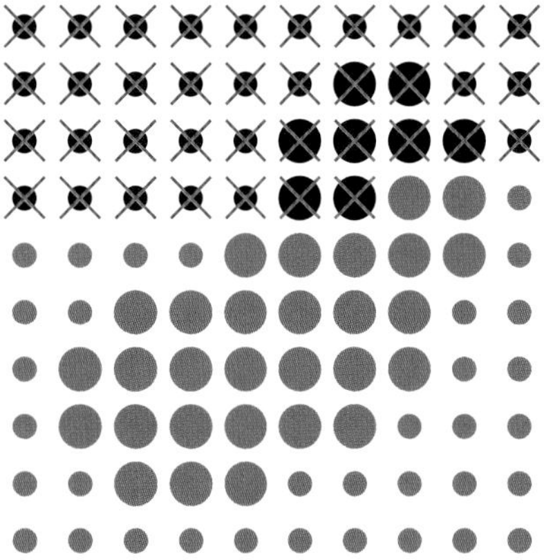

누에콩
37% 감소

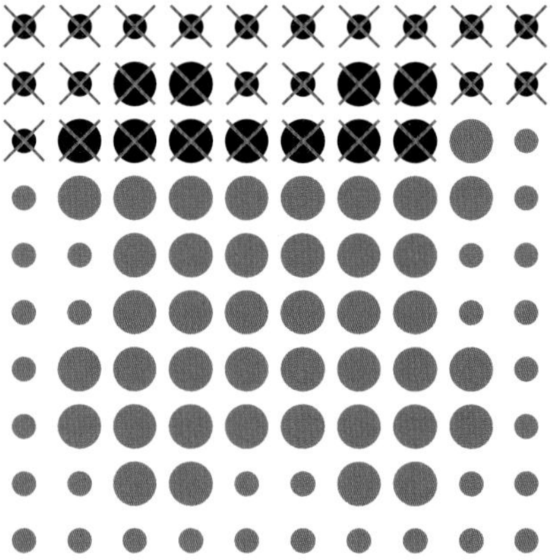

유채
28% 감소

출처: 하인리히 뵐 재단(HBS, Heinrich Böll Stiftung), 「농업 지도」, 2019. / 독일 환경보전연맹(BfN, Bundesamt für Naturschutz)

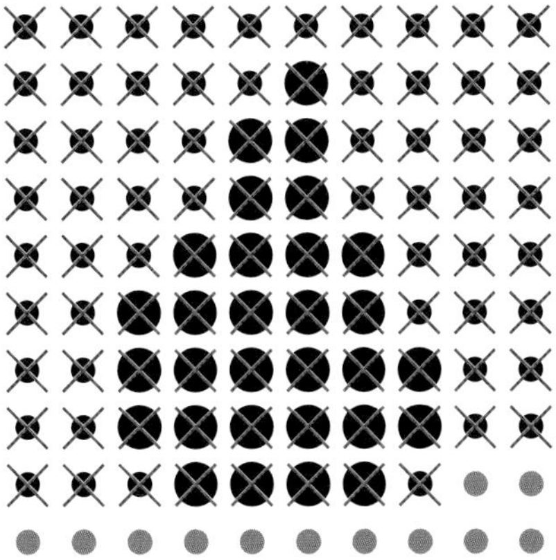

서양배
최대 88% 감소

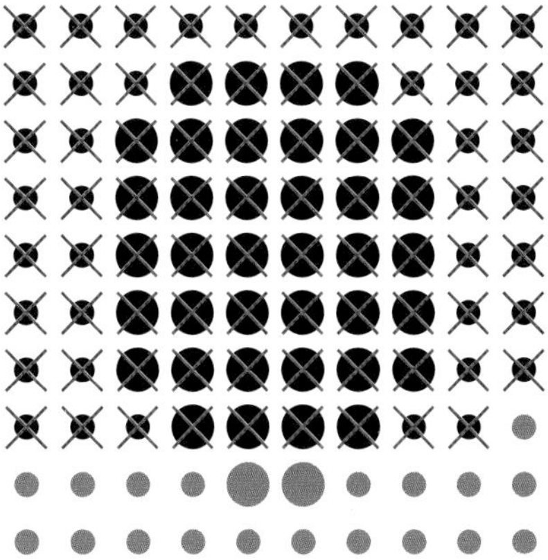

자두
79% 감소

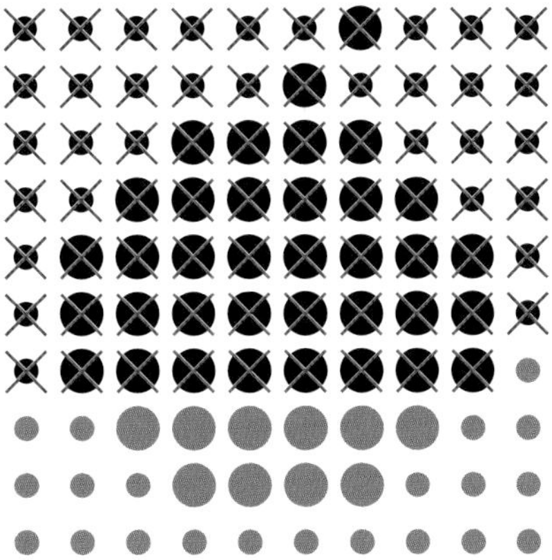

사과
최대 69% 감소

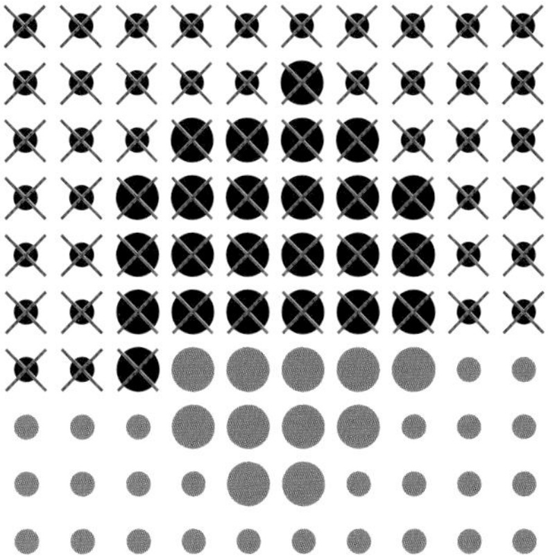

구스베리
63% 감소

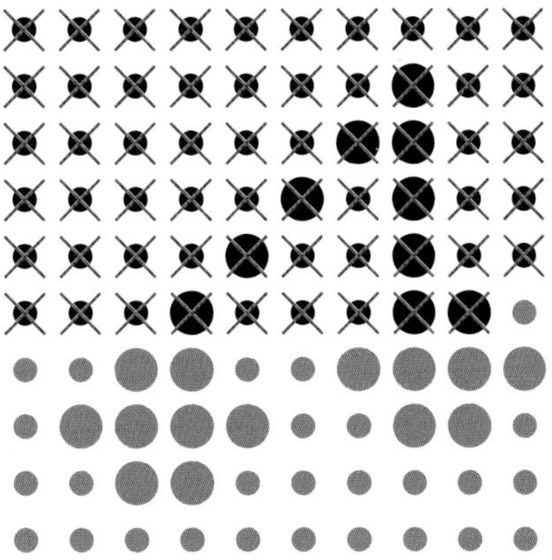

체리
59% 감소

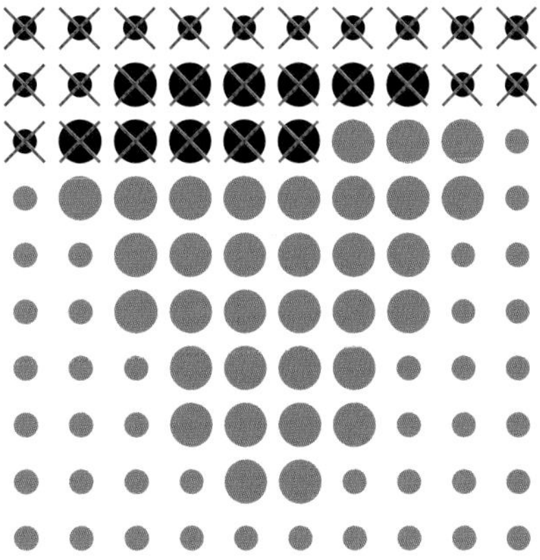

딸기
26% 감소

1년간 배출하는 CO_2를 킬로그램으로 환산했다.

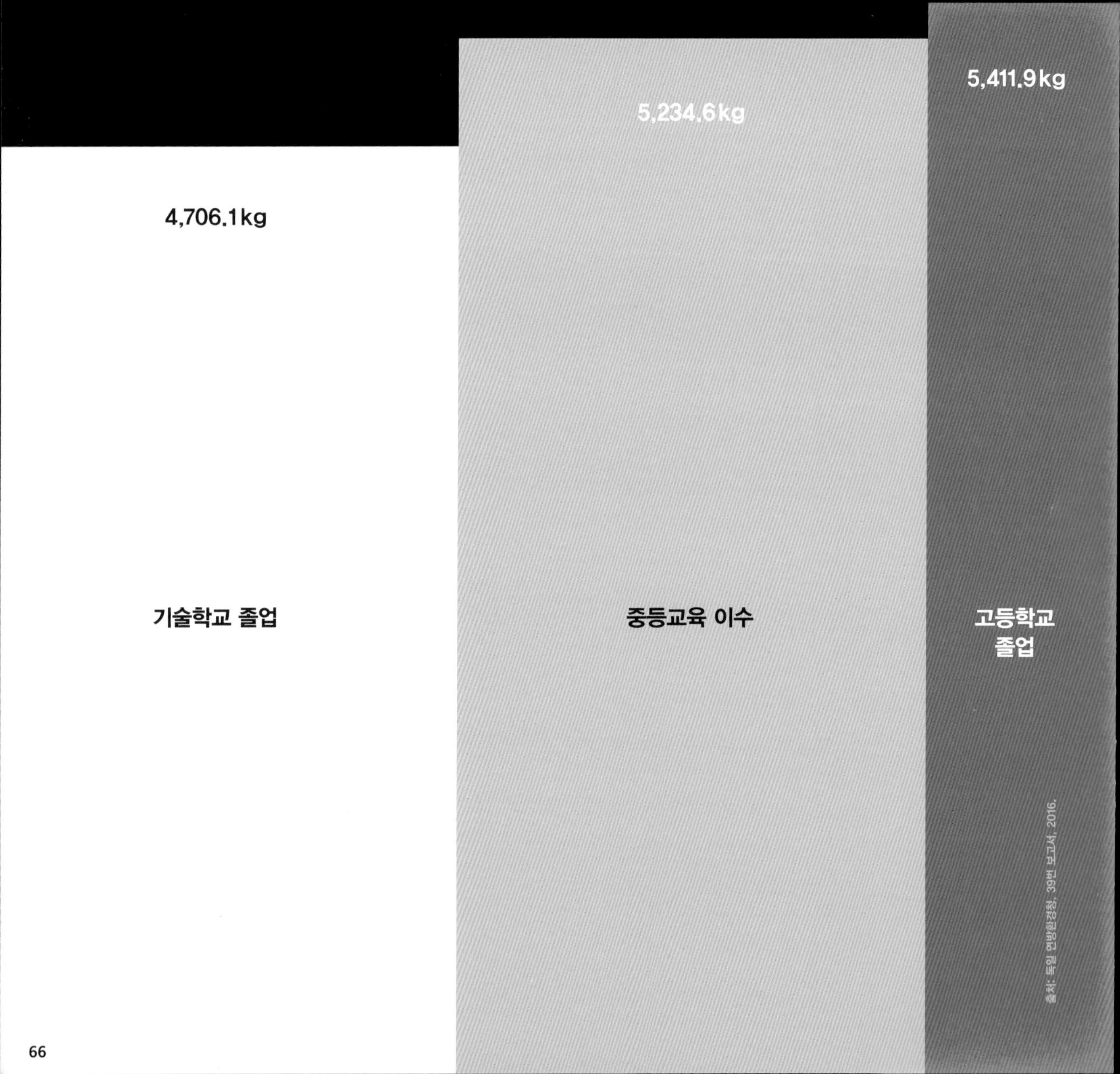

출처: 독일 연방환경청, 39번 보고서, 2016.

6,552.8kg

여러분은 이러한 결과를 예상했는가? 고등교육을 받은 사람이 기술학교 졸업생보다 더 많은 CO_2를 배출한다는 사실을? 분명한 점은 교육이 항상 모든 일에 도움이 되는 건 아니라는 사실이다. 이러한 결과가 나온 이유는 사실 간단하다. 고등학교를 졸업하고 대학 입학시험을 통과했거나 대학을 졸업한 사람들이 일반적으로 더 많은 돈을 번다.
그리고 당연히 그들이 더 많은 돈을 옷과 넓은 집, 자동차와 비행기 여행에 지출한다.

4,709.2kg

대학 졸업 및 그 이상

교육을 받지 않음

전동 킥보드 재료는 기후에 어떤 영향을 끼칠까?

전동 킥보드와 생태학적 균형

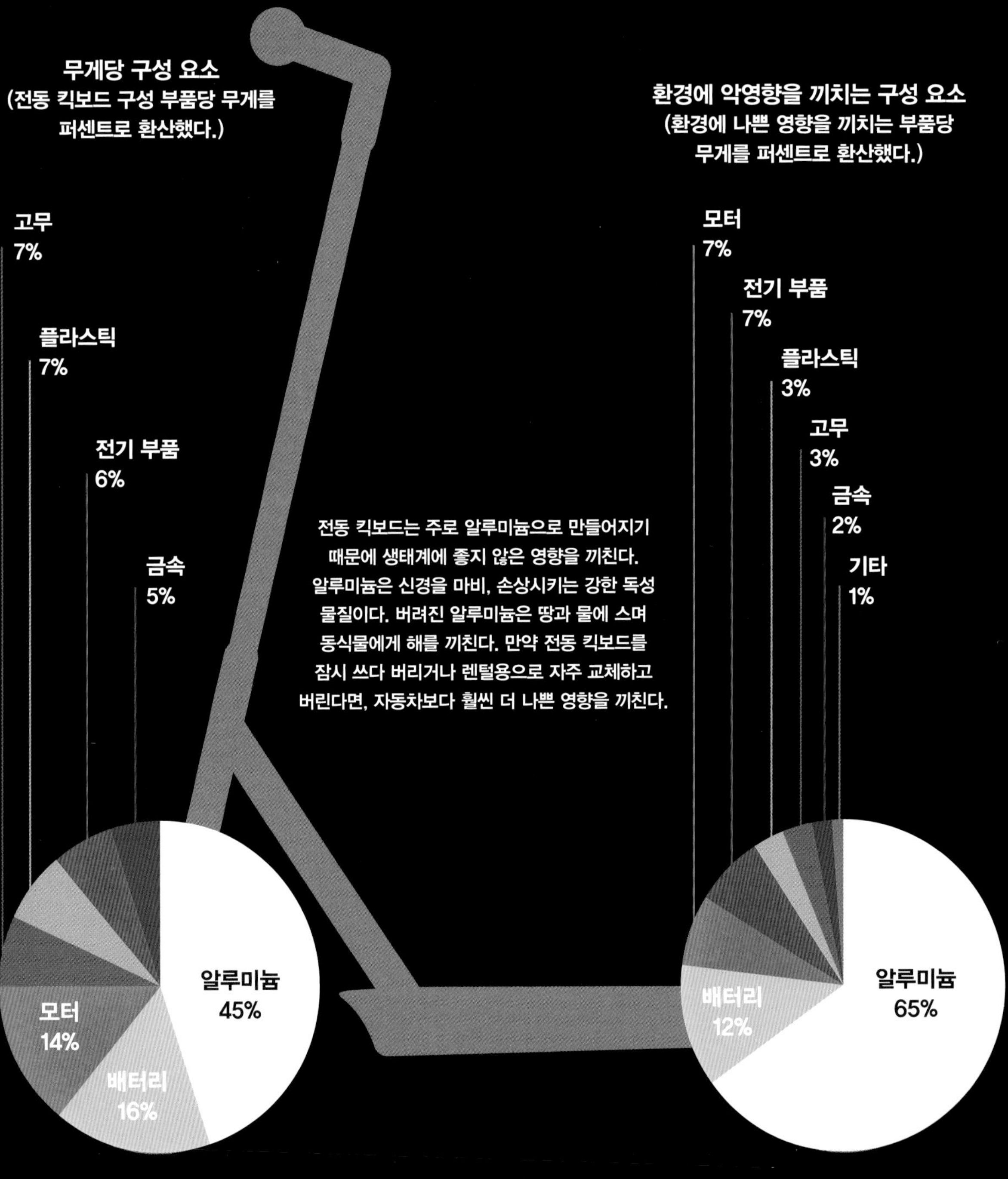

전동 킥보드는 주로 알루미늄으로 만들어지기 때문에 생태계에 좋지 않은 영향을 끼친다. 알루미늄은 신경을 마비, 손상시키는 강한 독성 물질이다. 버려진 알루미늄은 땅과 물에 스며 동식물에게 해를 끼친다. 만약 전동 킥보드를 잠시 쓰다 버리거나 렌털용으로 자주 교체하고 버린다면, 자동차보다 훨씬 더 나쁜 영향을 끼친다.

출처: 보훔응용과학대학교(Hochschule Bochum)·독일에너지청(Deutsche Energie-Agentur), 「이동 서비스 전기 스쿠터 공유에 따른 수명 주기 평가」, 2020.

지난 10년 동안 평균기온은 얼마나 올랐을까?

**최근 몇 년 동안 전 세계 평균기온은
지난 100년 동안의 평균기온 중 가장 높은 온도를 기록했다.**

우리는 연간 평균기온을 과거의 평균기온과 비교해 아래 그림으로 나타냈다.
과거 독일의 평균기온은 섭씨 8.2도였다.

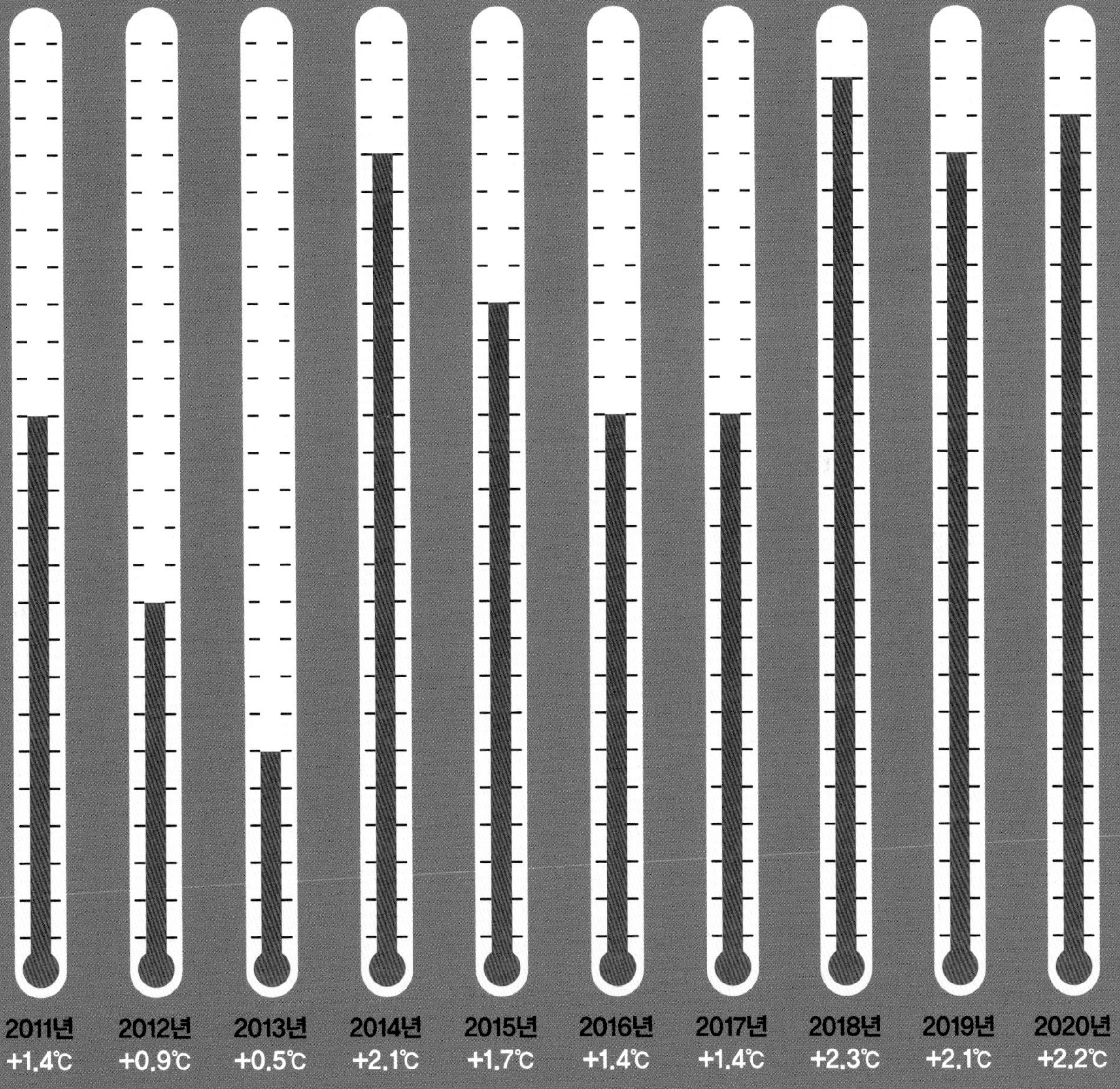

출처: 독일 기상청(Deutscher Wetterdienst)

평균기온이 1도나 2도 상승하는 것은 아주 엄청난 일이다. 지구 평균기온이 산업화 이전보다 1.5도 이상 상승하면 폭염, 폭우, 한파, 가뭄, 산불 등 심각한 기후 재난에 직면한다. 이제 기후변화는 북극이나 남극에서만 일어나는 일이 아니라 모든 나라에서 문제 되고 있다.

자연적인 멸종과 인간에 의한 멸종은 각각 얼마나 일어났을까?

척추동물 중에서 자연적으로 멸종된 수는 얼마나 될까? 또 1900년 이후 실제로 멸종된 종은 얼마나 될까?

동물의 멸종 역시 자연스러운 과정의 일부분이다. 하지만 자연적인 멸종은 인간이 개입할 때보다 훨씬, 훨씬 더 천천히 일어난다. 과학자들은 지난 120년간 단 9종의 척추동물만이 자연 멸종했다고 본다. 인간의 환경 파괴로 얼마나 많은 척추동물이 멸종했을까? 여러분이 직접 확인해 볼 수 있을 것이다.

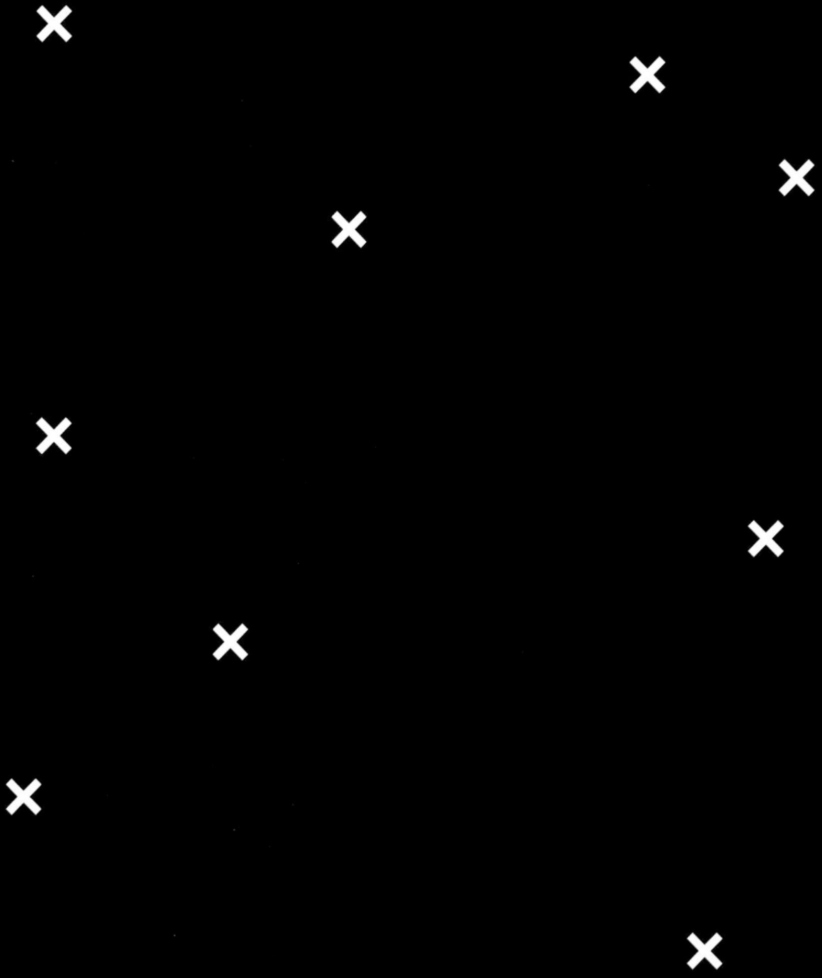

자연적 멸종: 9종

출처: BBC

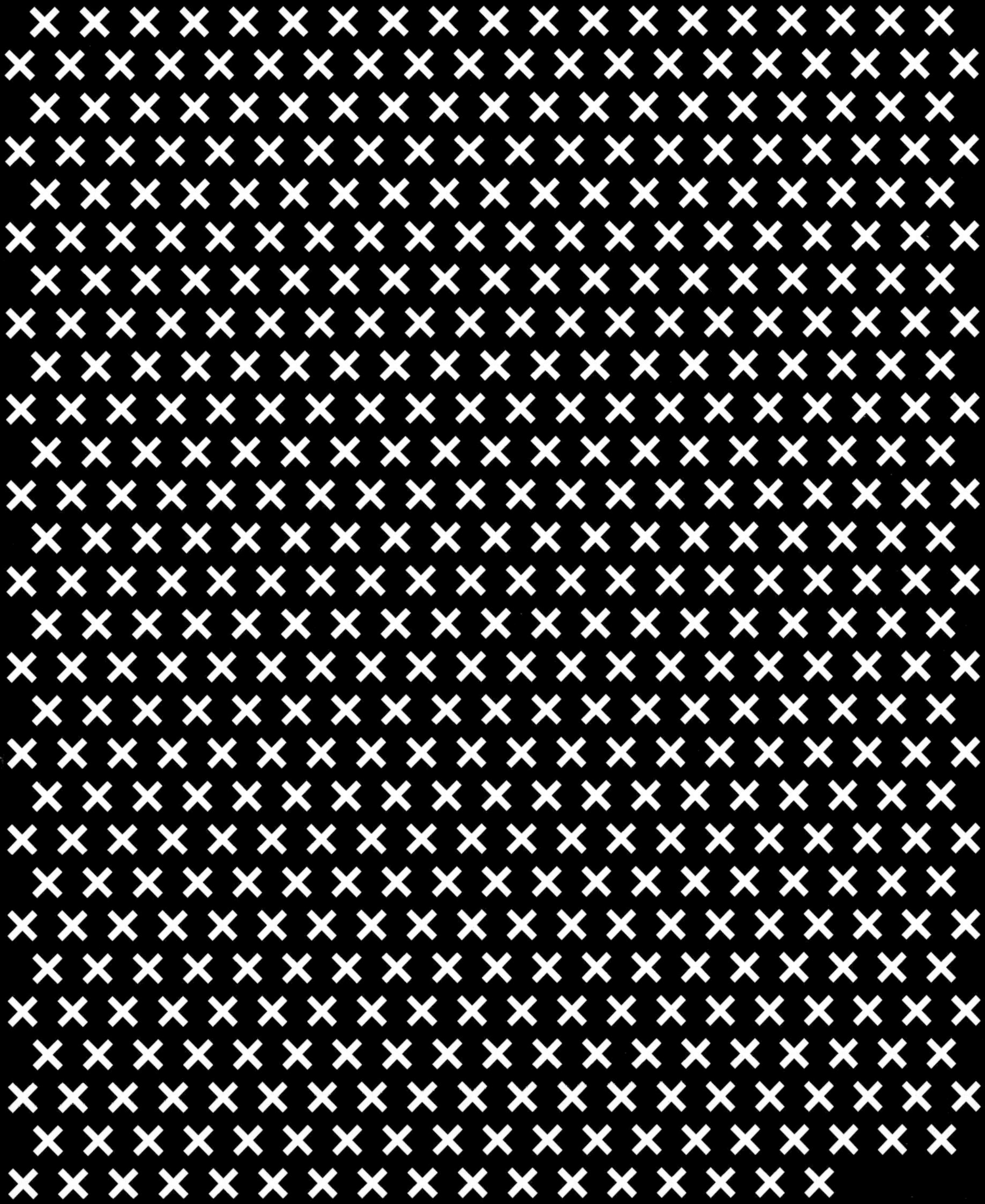

인위적 멸종: 약 543종

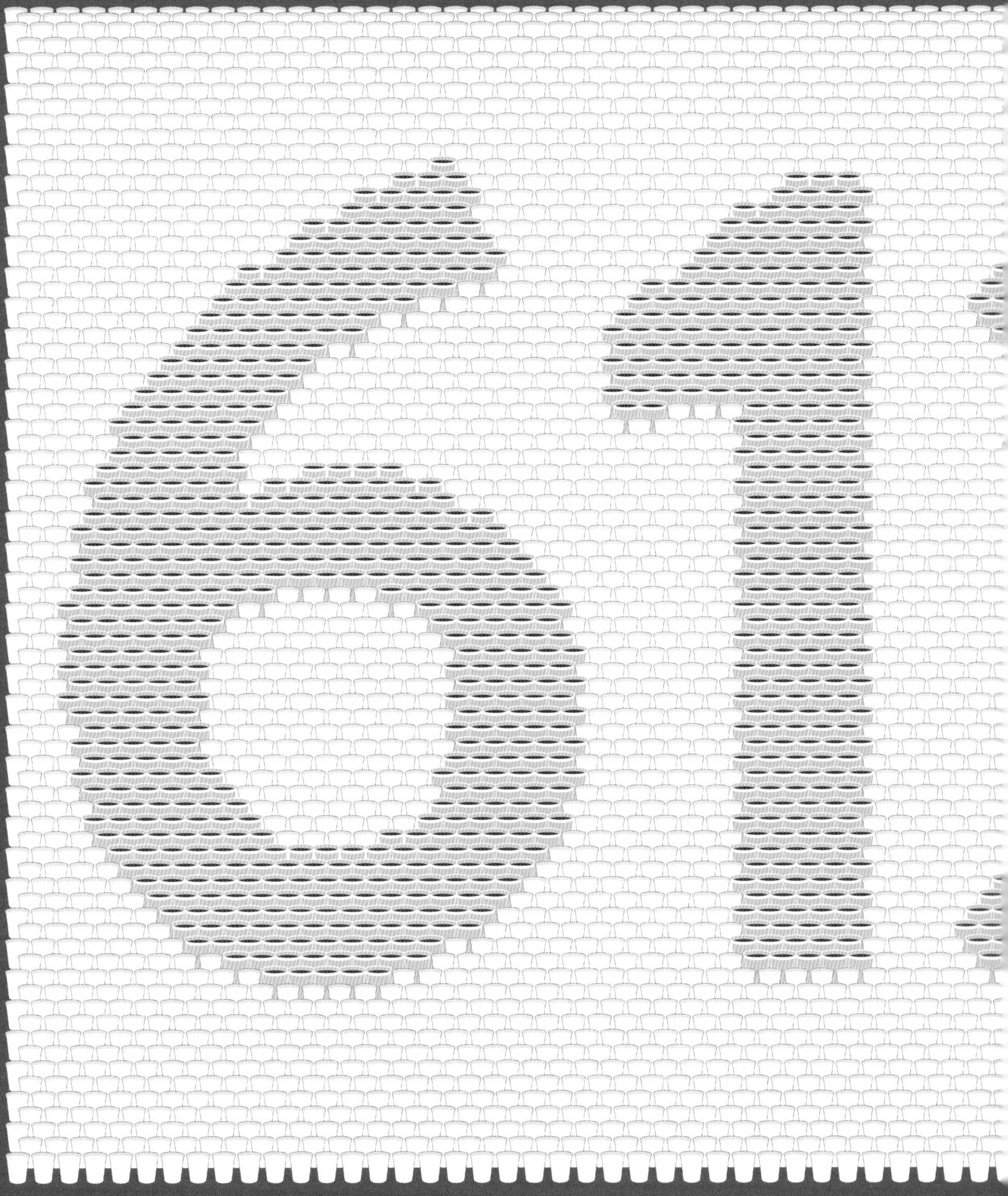

출처: 독일 연방환경·자연보호·원자력안전·소비자보호부 어린이 사이트(BMUV KIDS) www.bmu-kids.de

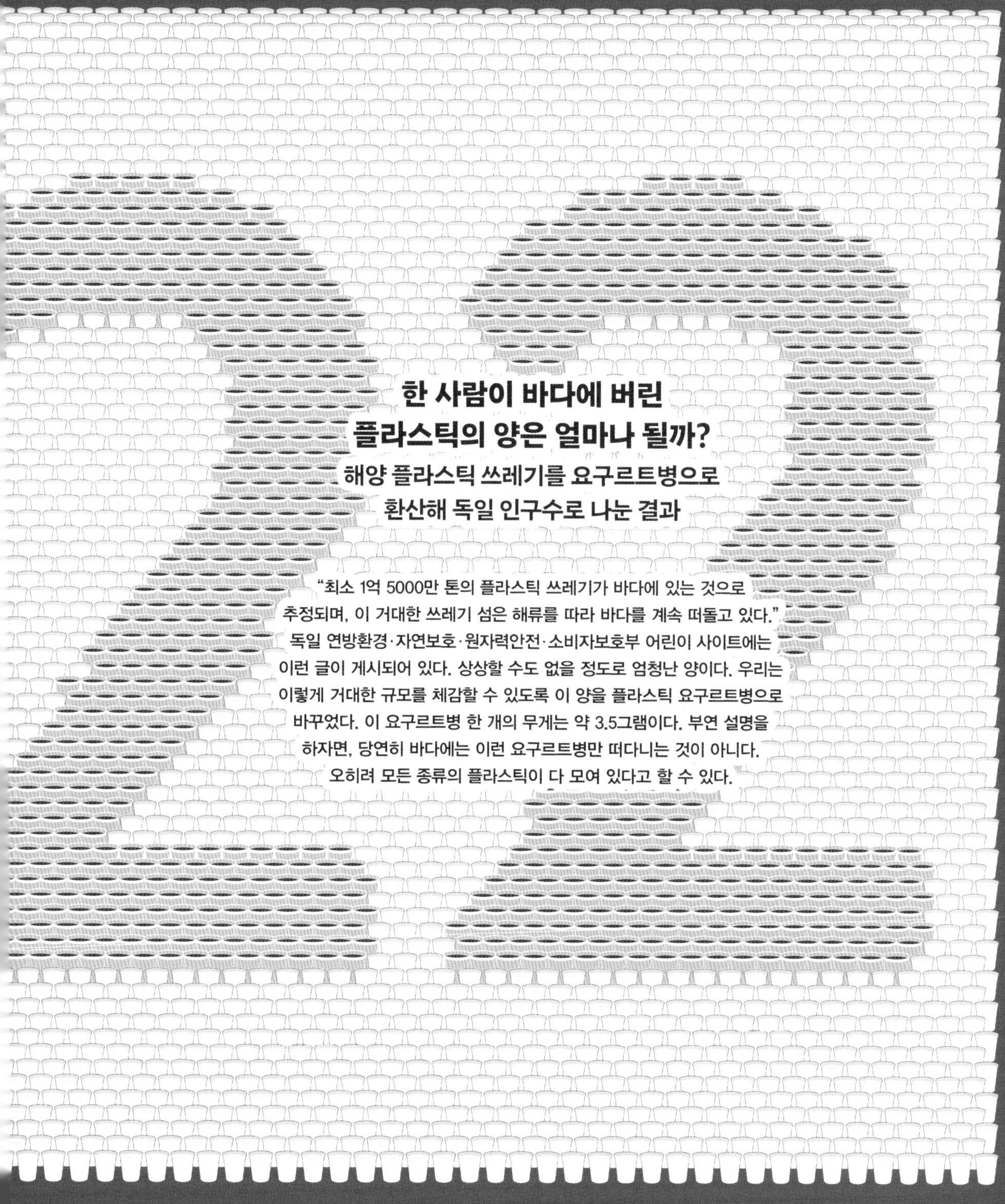

한 사람이 바다에 버린 플라스틱의 양은 얼마나 될까?

해양 플라스틱 쓰레기를 요구르트병으로 환산해 독일 인구수로 나눈 결과

"최소 1억 5000만 톤의 플라스틱 쓰레기가 바다에 있는 것으로 추정되며, 이 거대한 쓰레기 섬은 해류를 따라 바다를 계속 떠돌고 있다." 독일 연방환경·자연보호·원자력안전·소비자보호부 어린이 사이트에는 이런 글이 게시되어 있다. 상상할 수도 없을 정도로 엄청난 양이다. 우리는 이렇게 거대한 규모를 체감할 수 있도록 이 양을 플라스틱 요구르트병으로 바꾸었다. 이 요구르트병 한 개의 무게는 약 3.5그램이다. 부연 설명을 하자면, 당연히 바다에는 이런 요구르트병만 떠다니는 것이 아니다. 오히려 모든 종류의 플라스틱이 다 모여 있다고 할 수 있다.

정치 성향이 기후변화를 막는 데 영향을 끼칠까?

독일의 사례로 보는 비행기를 자주 타는 사람들

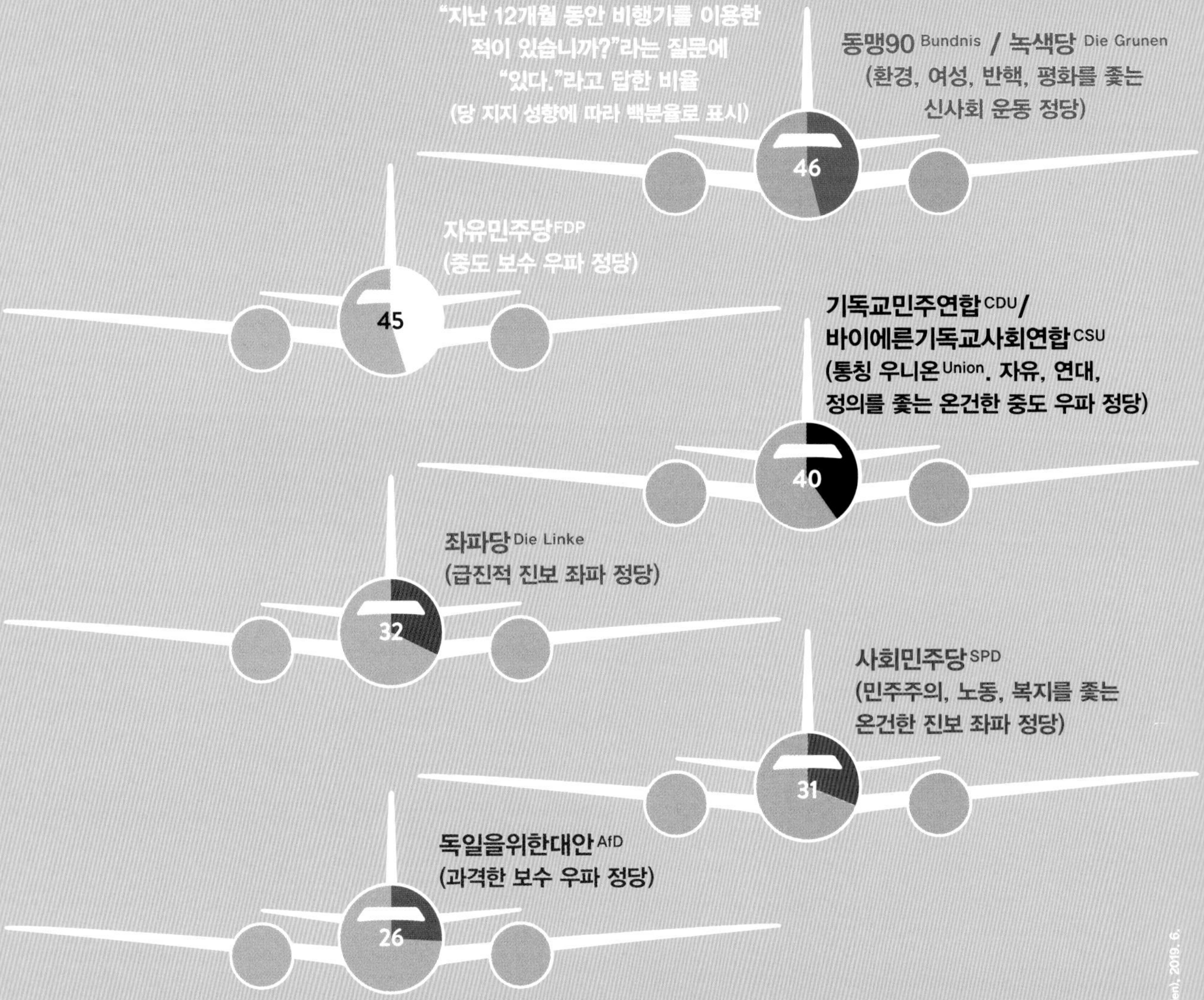

출처: 독일 선거연구그룹(Forschungsgruppe Wahlen), 2019. 6.

설문조사 결과를 확인할 때 주의해야 할 점이 있다. 조사 대상이 모든 사람이 아니라 단 100여 명뿐일 수 있으며, 질문이 제한적일 수 있다는 사실이다. '표본추출'과 '유도 질문'의 오류다. 따라서 설문조사는 틀릴 가능성이 있다는 것을 항상 염두에 둬야 한다. 여기에서 볼 수 있듯이 비율이 1퍼센트 더 많다고 해서 모든 녹색당 지지자가 자유민주당 지지자보다 더 비행기를 자주 이용한다고 말할 수는 없다. 하지만 상대적으로 분명한 것은 이 두 정당 지지자들이 다른 정당 지지자들보다 더 자주 비행기를 이용한다는 점이다.

환경정책을 거의 내지 않는 정당들보다 녹색당 지지자가 비행기를 더 많이 이용하는 건, 녹색당 지지자들 대부분이 부유하기 때문일 수 있다. 돈이 많으면 더 쉽게 비행기를 탈 수 있으니까. 이들이 일회용품을 덜 쓰고 동물복지를 실천하는 건 분명하다 해도 말이다. 당장 먹고살기에도 바쁜 사람보다 경제적 여유가 있는 사람이 환경문제에 관심이 많은 건 어쩌면 당연할 수 있다. 하지만 "뭐, 어쨌든 비행기는 내가 안 타도 뜰 거잖아……."라며 자기기만을 하면 안 된다. 좀 더 엄격한, 일관성 있는 태도만이 지구를 살린다.

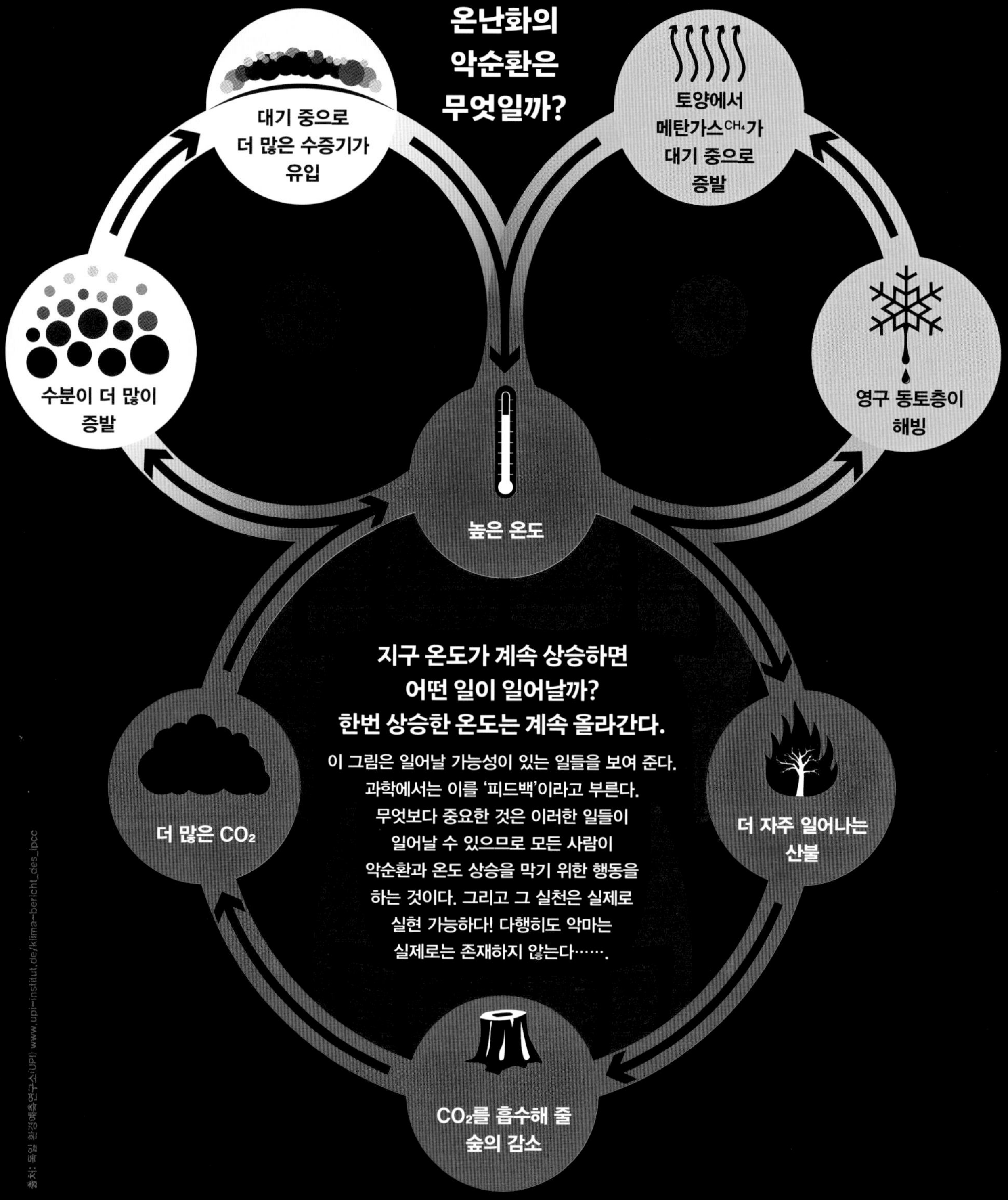

출처: 독일 환경예측연구소(UPI) www.upi-institut.de/klima-bericht_des_ipcc

환경에 가장 큰 악영향을 끼칠 수 있는 사람은 누구일까?

도널드 트럼프는 2021년 1월까지 4년 동안 미국 대통령이었다.
아래는 그가 대통령으로 재임했던 시기에 통과시킨 법안들이다.

자동차 배기가스 배출 완화 / 더 많은 양의 수은 배출을 허
국가가 기후변화를 막기 위해 채택한 국제적 계획인 파리협
호 완화 / 국립공원과 야생동물 서식지에 대한 대기 보호 기
한 보호 조치 완화 / 더 많은 오존 화합물 배출 허용 / 자동
에 대한 규제 완화 / 국유림·알래스카·거대한 원시림들의 나
설을 허용 / 인디언 보호 구역에 대한 수질 보호 조치 완화 /
대한 엄격한 제한 조치 완화 / 도로 건설 규제 완화 / 알래스
화로 인해 장시간 위협에 노출되고 있는 야생동물에 대한 보
화 / 캘리포니아 센트럴밸리의 야생동물과 연어에 대한 보
카 지역에서 벌어졌던 약탈적인 동물 사냥을 다시 허용 / 회
끼로 사용하는 것을 다시 허용 / 희귀 산호와 멸종 위기에 처
역에서의 낚시를 다시 허용 / 해양 포유류와 바다거북에 대
시 허용해 동물들이 크게 다치거나 죽을 수 있는 위험에 처
철새 부산물을 알래스카 전통 공예품에 다시 사용하도록 허
한 광산 채굴 허가 / 우라늄 광산에 대한 지하수 보호 규제 완
Chlorpyrifos의 사용 금지 해제 / 드라이클리닝에 사용되는 물질
학약품 공장 폭발 위험을 막는 규제 완화 / 중금속으로 구성
산물을 유해 폐기물로 지정하지 않음 / 에너지 절약형 전구
양 생태계를 위해 보호되고 있던 해변 모래 채취 다시 허용
표로 하는 UN의 녹색기후기금에 후원 중단 / 국립공원에서

출처: 「뉴욕타임스」 원문 일부 발췌 및 번역.

원칙적으로 만 18세 이상의 성인만 선거에 참여할 수 있다. 미국 역시 마찬가지이다. 많은 어른은 "내가 투표하든 안 하든 상관없어. 정치인들은 다 그놈이 그놈이야!"라고 말하고는 한다. 그러나 2021년 1월에야 공직에서 물러난 도널드 트럼프의 경우에도 과연 그 말을 확신할 수 있을까? 트럼프는 환경과 기후에 너무나도 나쁜 영향을 끼치는 수많은 법률을 시행하거나 법안을 통과시켰다. 만 18세가 되어 투표에 참여할 기회가 주어진다면, 여러분이 누구를 선택하느냐가 미래를 결정지을 것이다.

가 / 석탄화력발전소의 더 많은 온실가스 생산 허용 / 200여
정 탈퇴 / 메탄가스 배출량 감소세 둔화 / 환경 독성물질 보
준을 완화 / 거대 냉각장치에서 배출되는 독성 화합물에 대
차 배기가스 배출 규제 완화 / 가스 누출과 기름 탱크 누출
무를 베고 새로운 도로를 건설 / 거대한 원유 운송 파이프 건
태평양과 그 해안에 대한 환경보호 조치 완화 / 해양 시추에
카의 북해·베링해 연안에 대한 환경보호 조치 완화 / 기후변
호 조치 완화 / 멸종 위기 식물과 동물에 대한 보호 조치 완
호 규제 조치 완화 / 사냥에 납 탄약을 다시 허용 / 알래스
색곰을 유인해 사냥하기 위해 도넛 같은 고지방 음식을 미
한 해양 생물의 터전인 코드곶Cape Cod 남동쪽 해양 보호 구
한 더욱 커다란 위협 야기-서해안에서 칼날 그물 사용을 다
함 / 참치의 일종인 대서양참다랑어의 다량 포획을 허용 /
가 / 늪지 보호 규제 완화 / 석탄 채굴 업체들에 강 상류를 향
화 / 아동 발달 장애와 관련이 있는 살충제 클로르피리포스
인 솔벤트 같은 잠재적 독성 화학물질에 대한 규제 완화 / 화
된 이른바 구리 필터 흡착물이라고 부르는 전자제품 생산 부
의무 사용 완화 / 식기세척기의 에너지 절약 의무 완화 / 해
/ 개발도상국과 빈곤 국가의 CO_2 배출량을 줄이는 것을 목
플라스틱병 음료 판매 금지 조치를 없애고 다시 판매 허용

환경에 나쁜 영향을 주는 취미는?

승마와 관련해 배출되는 CO_2

34.6

6.1

16.9

1년 동안 배출하는 CO_2–eq*를
킬로그램으로 환산해 표시했다.

* 기후에 나쁜 영향을 끼치는 다른
유해가스를 CO_2 양으로 환산한
CO_2–eq를 사용한다.

먹이, 물

사육,
설비

마구간, 짚
그리고 청소

출처: J. 안나뢰임N. 응클루트, 앙이 외.

자연에서 말을 타고 달리는 것은 아주 멋진 일이다. 그러나 자연 역시 그러한 방문에 행복해하는지는 전혀 다른 문제다. 오늘날 말을 친구로 두는 일은 아주 대담한 행동일 수 있다. 그렇게 큰 동물을 기르려면 많은 먹이와 큰 공간이 필요한데, 그만큼 환경에 나쁜 영향을 미치는 유해가스도 대량으로 발생하기 때문이다. 승마장까지 자동차를 운전해 가는 것도 큰 몫을 한다. 지하철이나 자전거를 타고 갈 수 있는 승마장은 거의 없으니 말이다.

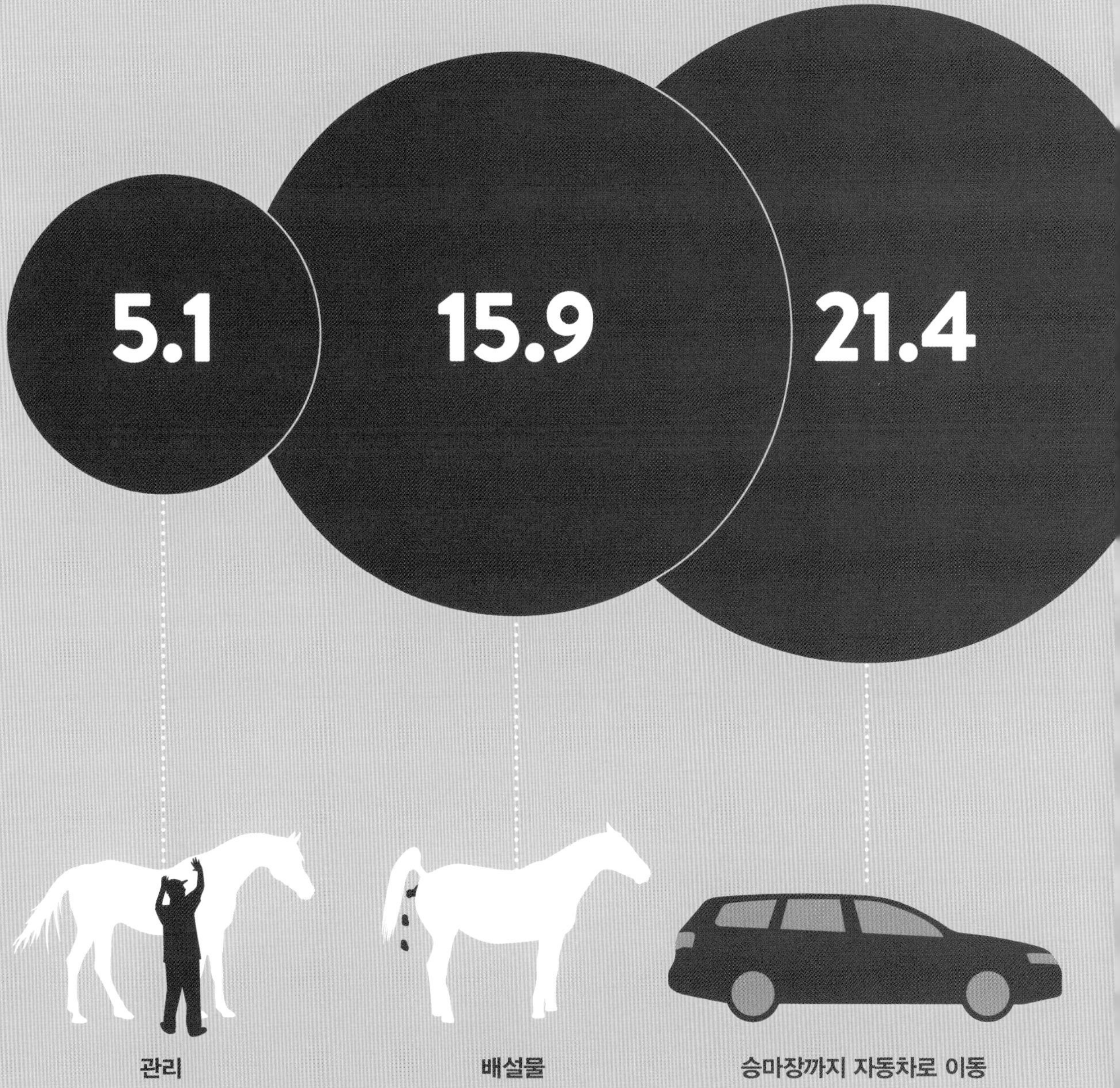

물을 끓일 때 어떤 방법이 에너지를 가장 적게 사용할까?

섭씨 100도의 질문

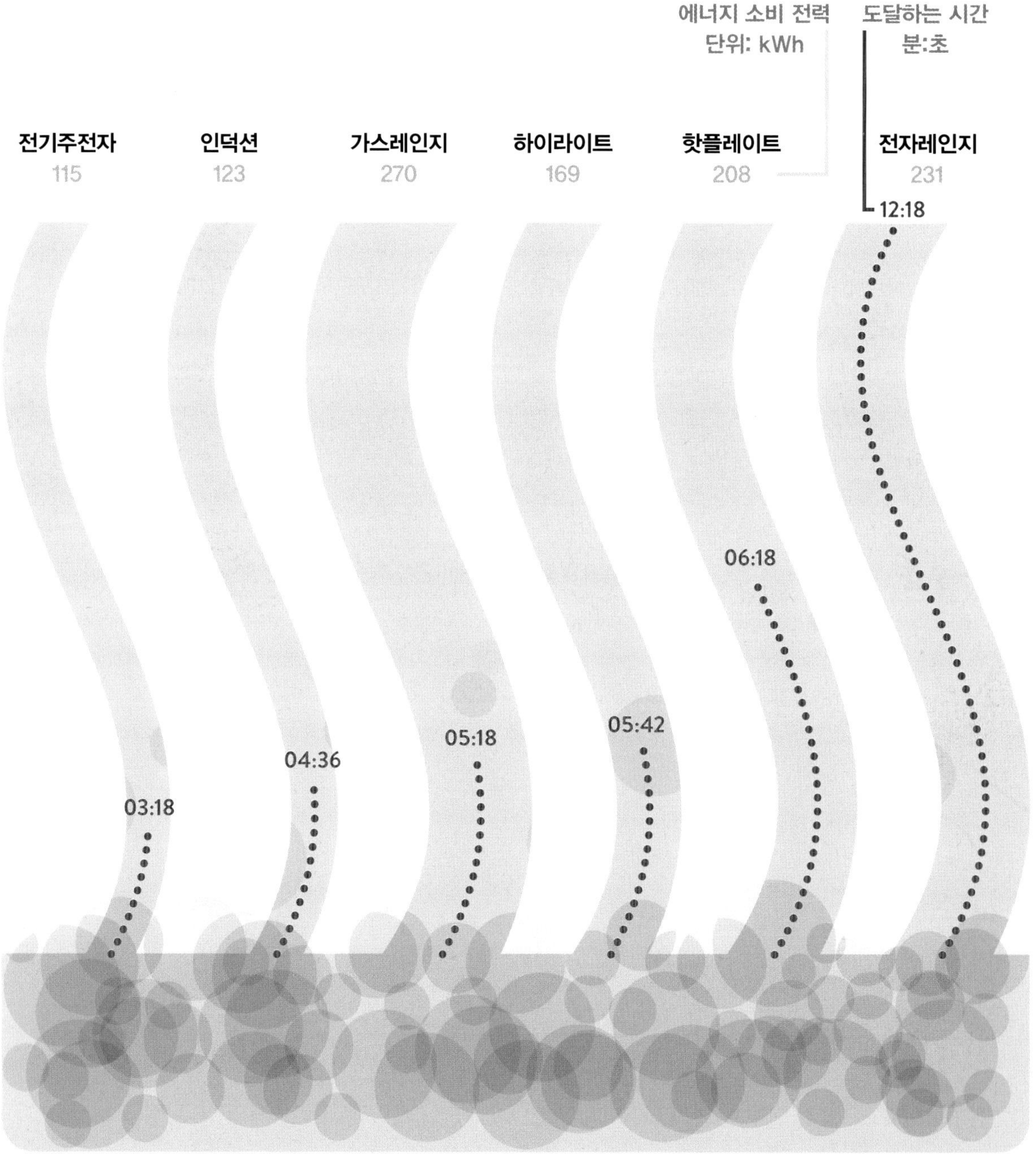

출처: 독일 소비자평가

지구를 위한 목표는 얼마나 이루어졌을까?

2010년, 전 세계 193개국이 모여 생물다양성을 보전하기 위해 다음과 같은 목표를 세웠다. 이 목표는 2020년까지 모두 달성하기로 했었다. 아래 그림은 당시 세웠던 목표들이 현재 어떤 상태인지를 나타낸다.

목표를 결의했던 회담은 일본 아이치현에서 열렸다. 그래서 이 20개 목표를 '아이치 목표'라고 부르기도 한다. 아이치 목표는 그저 단순한 목표가 아니라 아주 중요하고도 유명한 목표이다.

목표	실현	반 이상 실현함	반만 실현함	실현하지 못함	전혀 실현하지 못함	모름
사람들은 생물다양성이 얼마나 중요한지 이해해야만 한다. 즉 다양한 종이 존재한다는 사실을 알아야 한다.			✕			
빈곤퇴치는 종을 보호하는 방식으로 이루어져야 한다.				✕		
기업은 생물다양성을 보호하는 데 가치를 두어야 하며, 생물종을 파괴하는 일에서 이윤을 찾지 말아야 한다.					✕	
정부와 기업은 지속 가능한 소비를 달성하기 위한 계획을 세우고 실행해야 한다.					✕	
숲과 다른 자연 서식지가 더 이상 파괴되어서는 안 된다.					✕	
어획은 물고기의 생태를 위협하지 않는 방식으로 이루어져야 한다.					✕	
농업과 산림은 지속 가능한 방식으로 운영해야 한다.				✕		
환경오염을 허용 수치 수준으로 줄여야 한다.					✕	
생태계를 교란하는 위험한 외래종을 퇴치해야 한다.				✕		
산호초를 보호하고 바다의 산성화를 막아야 한다.					✕	
바다와 육지에 충분한 규모의 수질 보호 구역이 존재해야 한다.		✓				
생물종의 절멸을 막고 멸종위기에 처한 생물을 위기에서 구해 안정시켜야 한다.					✕	
다양한 작물과 가축을 보호하기 위한 계획을 수립해야 한다.			✕			
가난한 지역의 사람들이 사용할 수 있도록 생태계를 복원해야 한다.					✕	
기후위기를 완화하기 위해 손상된 생태계를 더욱 회복해야 한다.						✕
유전자 자원은 공정하게 분배되어야 한다.		✓				
각 국가는 생물종을 보호하기 위해 실행하는 자체적인 계획을 세워야 한다.		✓				
널리 알려진 환경에 중요한 전통은 존중되고 더욱 강화되어야 한다.					✕	
생물종 보호과 관련한 과학과 기술 지식을 보전해야 한다.					✕	
생물종을 보호하기 위해 더 많은 투자를 해야 한다.					✕	

출처: 생물다양성및생태계서비스에관한정부간과학정책기구(IPBES), 생물 다양성과 생태계 서비스에 관한 세계 평가 보고서

87개 곰 젤리에는 어떤 비밀이 숨어 있을까?

다음은 환경에 유익한 한 사람분의 1주일 치 먹거리 소비 계획이다.

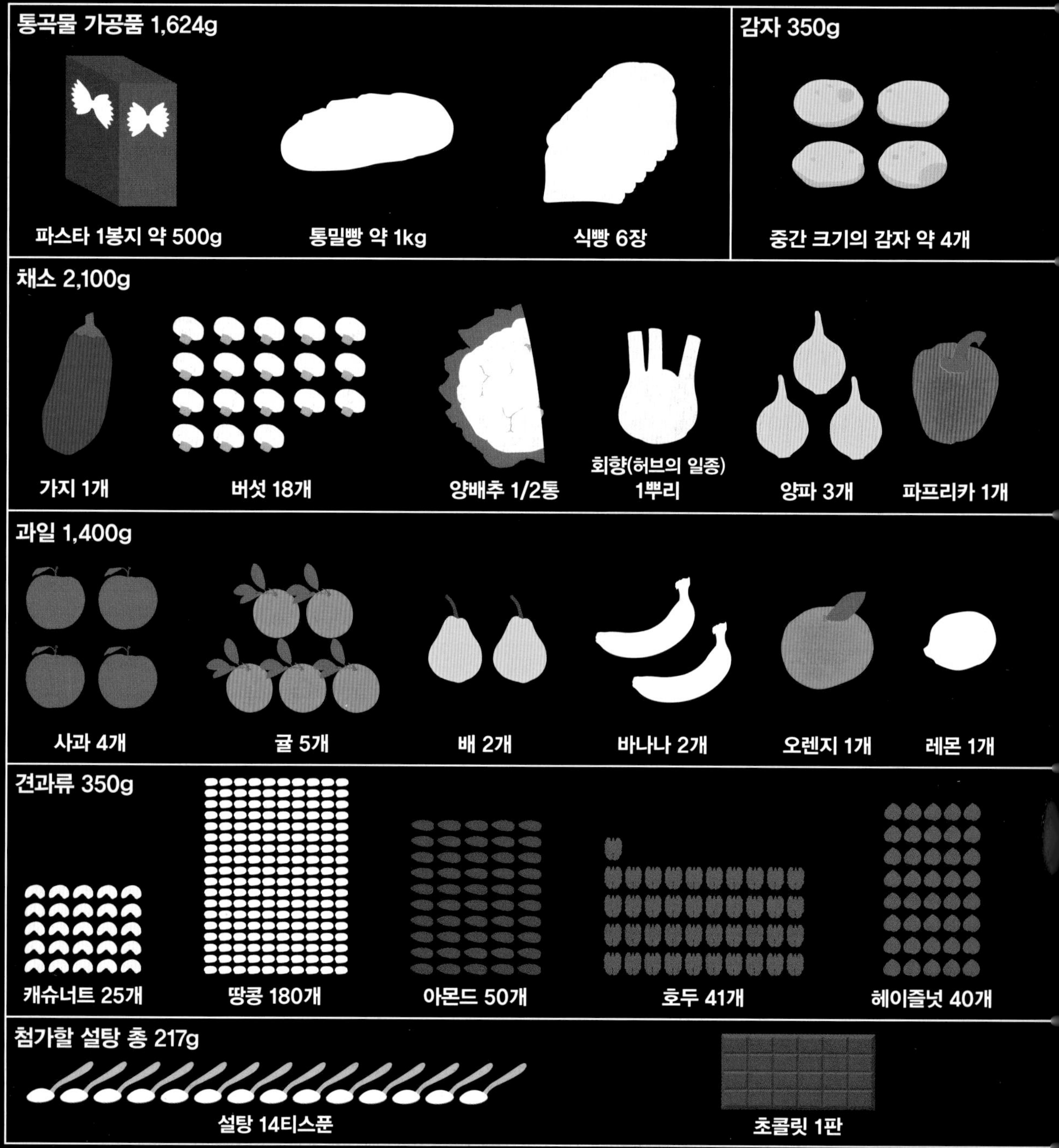

출처: 이트-랜싯위원회(EAT-Lancet Commission), 2019. / 독일 소비자평가, 2020. / 율레·마티아스

여러분이 어떤 음식을 어떻게 먹는지가 기후와 환경에 영향을 끼친다. 붉은 육류, 버터, 설탕은 좋지 않다. 우리에겐 채소, 과일, 견과류, 콩 같은 재료가 있다. 기후위기를 막으면서 영양도 섭취할 수 있는 방법이다. 여기에서는 식품의 무게를 개수로 바꾸어 표시했다. 이 재료들 말고 다른 채소, 과일, 견과류, 콩으로 바꿀 수 있다.

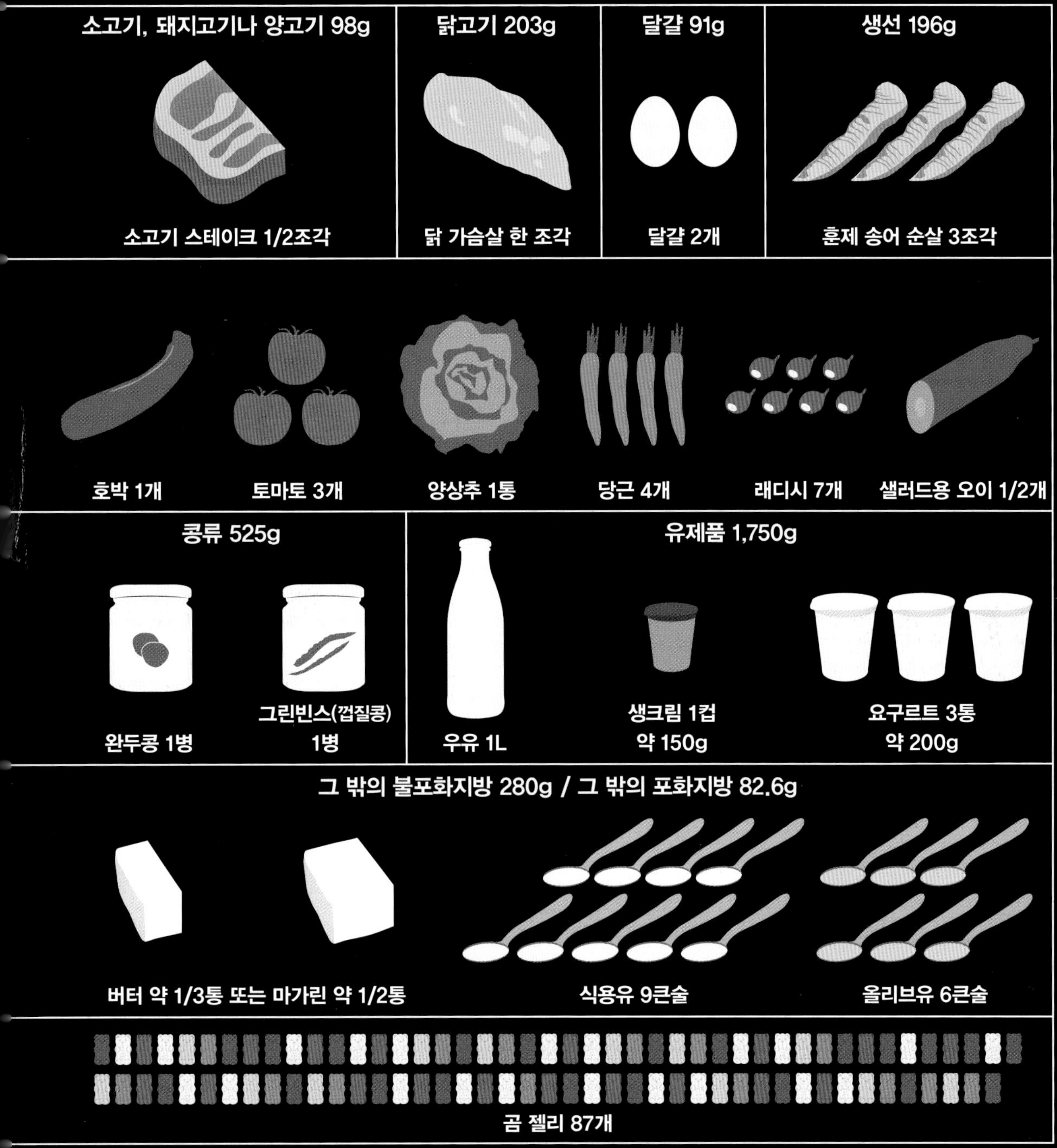

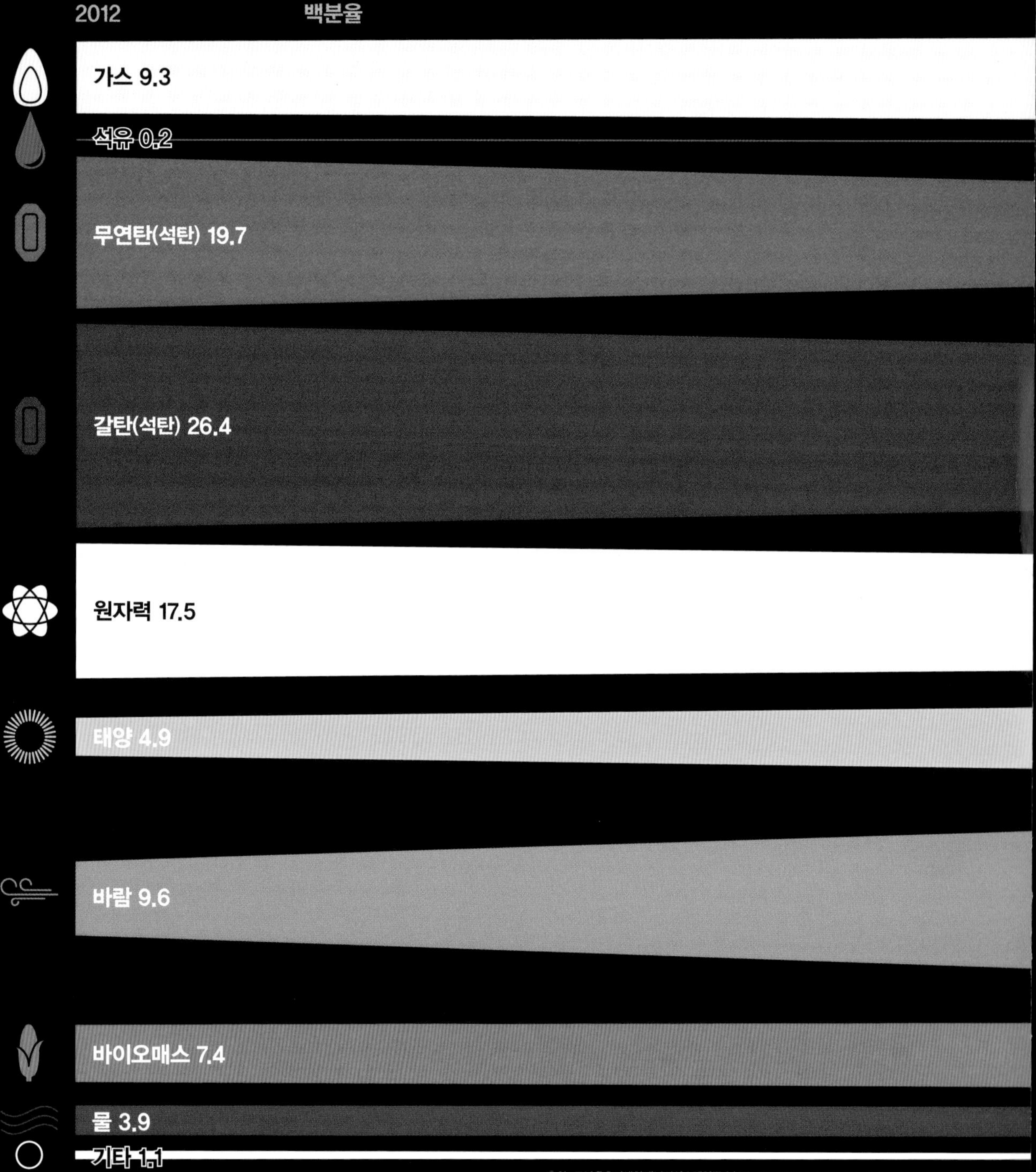

출처: 프라운호퍼태양에너지시스템연구소(ISE, Fraunhofer-Institut für Solare Energiesysteme)

최근 몇 년 동안 독일에서는 어떤 방식들을 사용해 전기를 생산해 왔을까? 전기 생산에 쓰이는 에너지원의 비중 변화를 백분율로 표시했다.

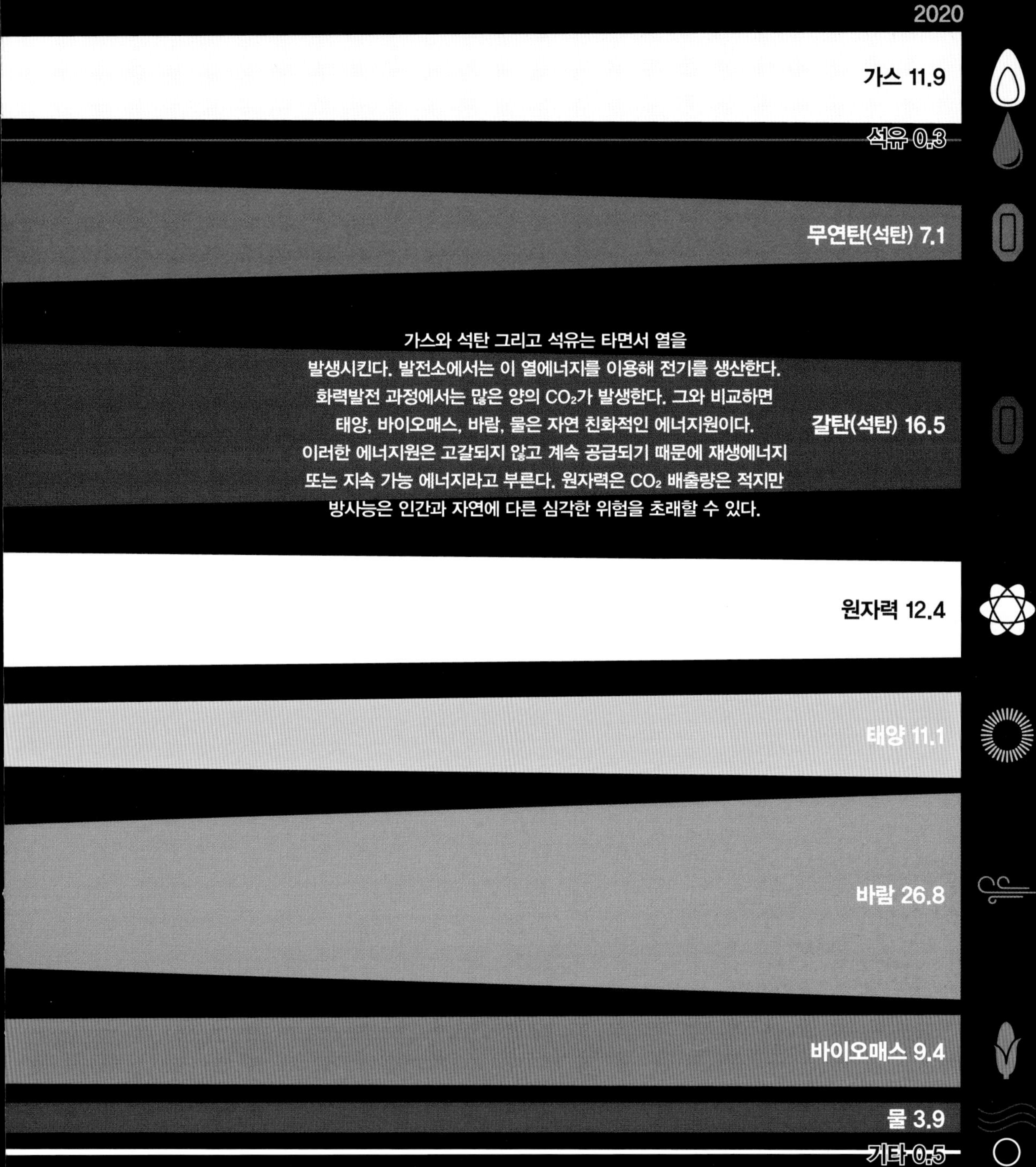

가스와 석탄 그리고 석유는 타면서 열을 발생시킨다. 발전소에서는 이 열에너지를 이용해 전기를 생산한다. 화력발전 과정에서는 많은 양의 CO_2가 발생한다. 그와 비교하면 태양, 바이오매스, 바람, 물은 자연 친화적인 에너지원이다. 이러한 에너지원은 고갈되지 않고 계속 공급되기 때문에 재생에너지 또는 지속 가능 에너지라고 부른다. 원자력은 CO_2 배출량은 적지만 방사능은 인간과 자연에 다른 심각한 위험을 초래할 수 있다.

어떤 고기가 탄소를 가장 많이 배출할까?

육류와 대체육이 발생시키는 CO_2 환산량 비교

육류 또는 대체육 1kg당 배출하는
온실가스를 CO_2–eq kg으로 표시했다.

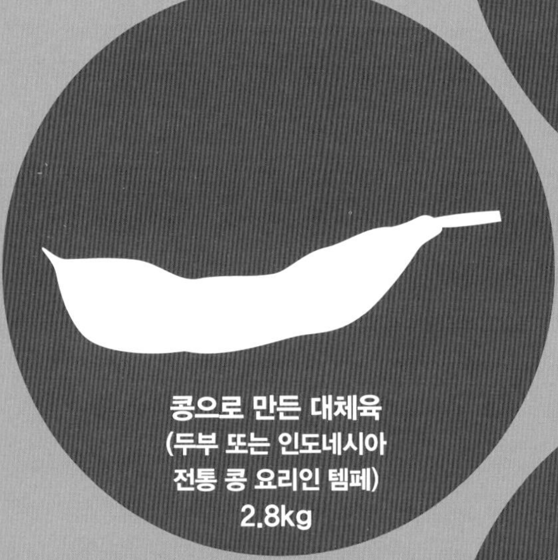

출처: 독일 연방환경청

고기를 많이 먹는 것은 기후와 환경에 좋지 않다. 주로 사료를 만들 때 많은 양의 CO_2가 발생하기 때문이다. 게다가 사료를 생산할 경작지를 만들려 숲의 나무를 베어낸다. 소는 평생 아주 많이 먹는다. 그리고 소의 위에서는 다량의 메탄가스가 생성되어 트림이나 방귀 등으로 배출된다. 메탄가스는 CO_2와 마찬가지로 기후를 위협하는 유해가스이다. 메탄가스 역시 기후에 나쁜 영향을 끼치는 CO_2의 양으로 환산할 수 있다.

소고기
30.5kg

지구상에 1000마리도 남지 않은 동물은?

아래 포유류 74종은 지구상에 단 1000마리 미만만 생존해 있다.

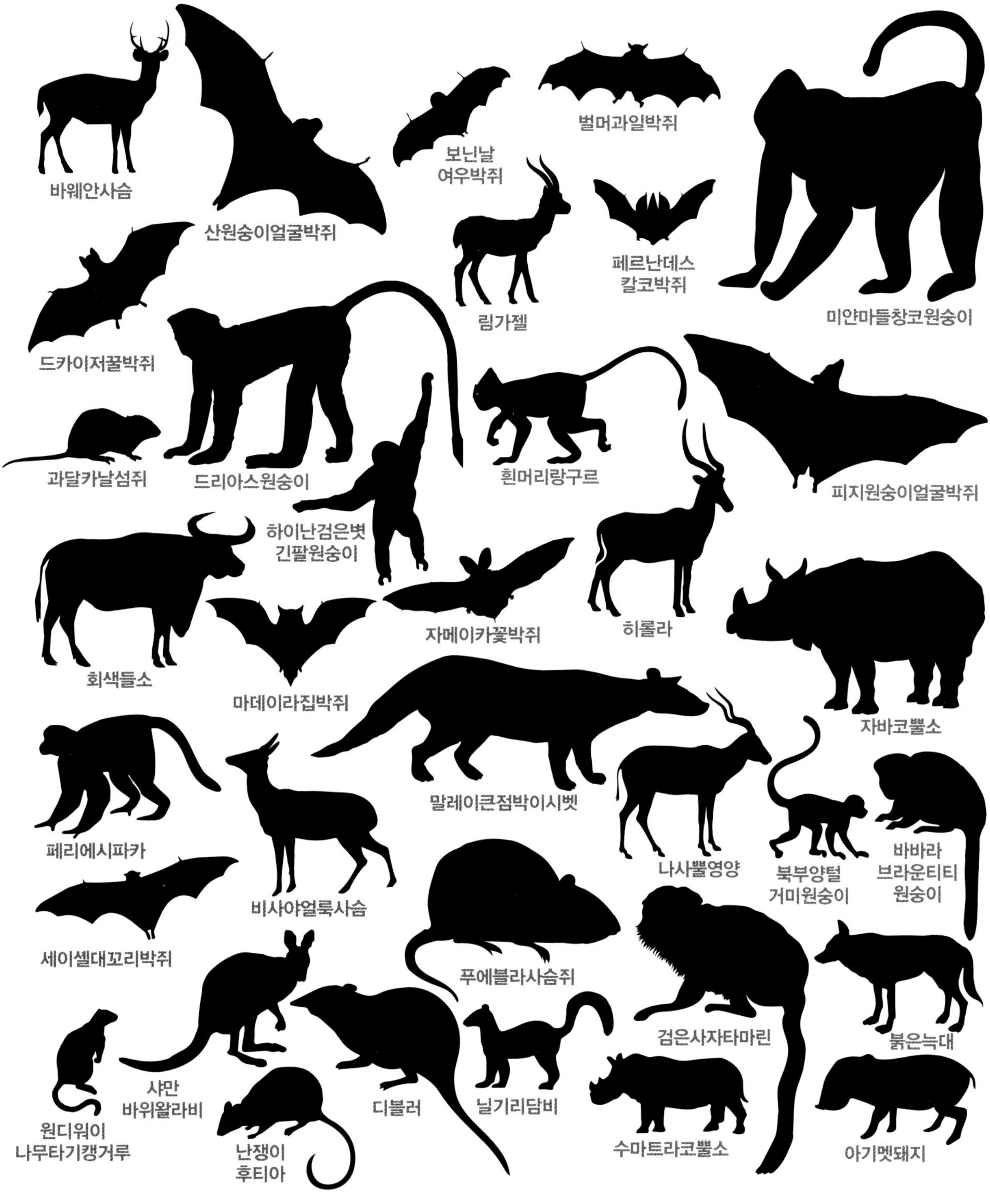

출처: 국제자연보전연맹(IUCN, International Union for Conservation of Nature), 2019.

도로와 철도 중 무엇이 더 지구에 이로울까?

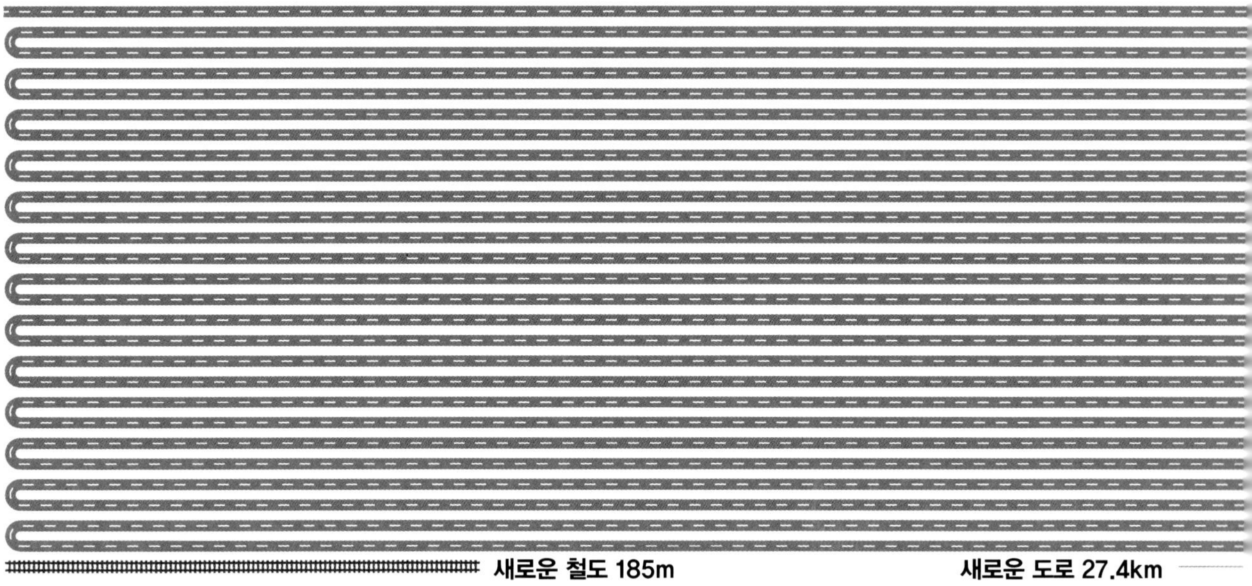

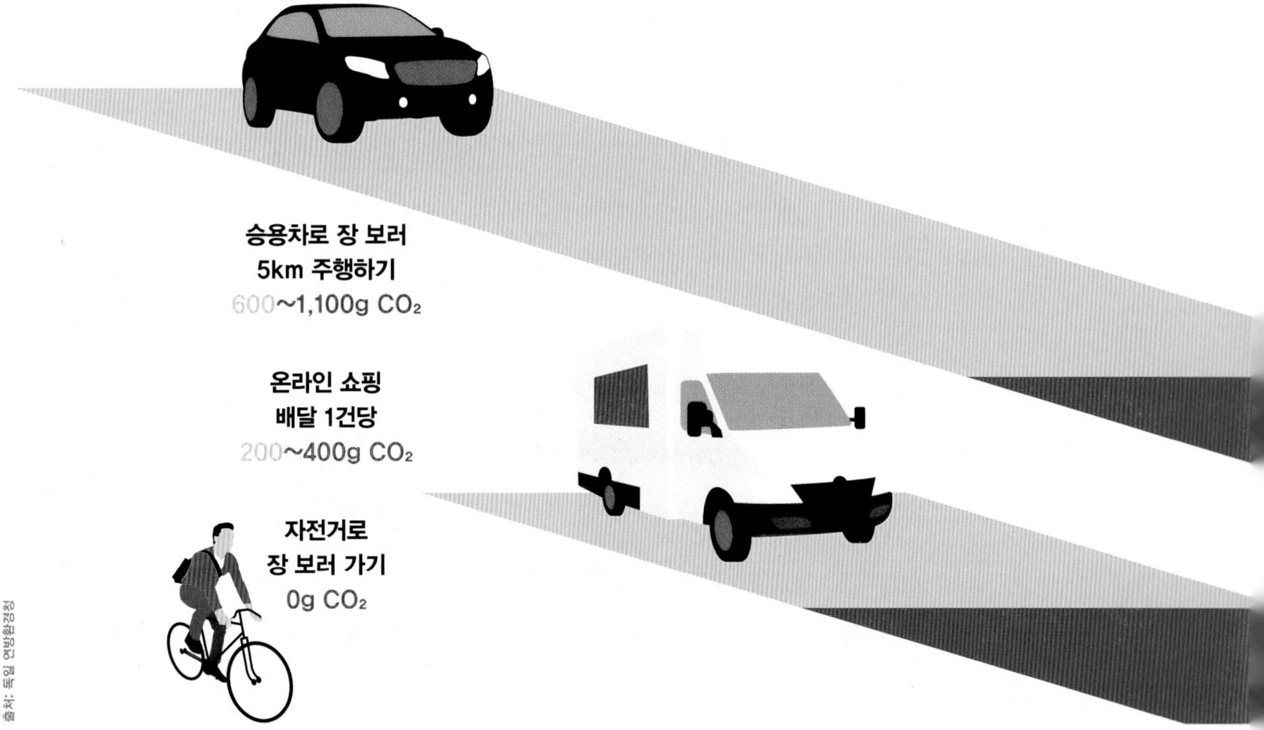

출처: 독일 연방환경청

최근 몇 년 동안 하루에 평균적으로 도로 몇 개가 새로 건설되었을까? 그리고 그 수와 비교해 얼마나 많은 철도가 새로 만들어졌을까?

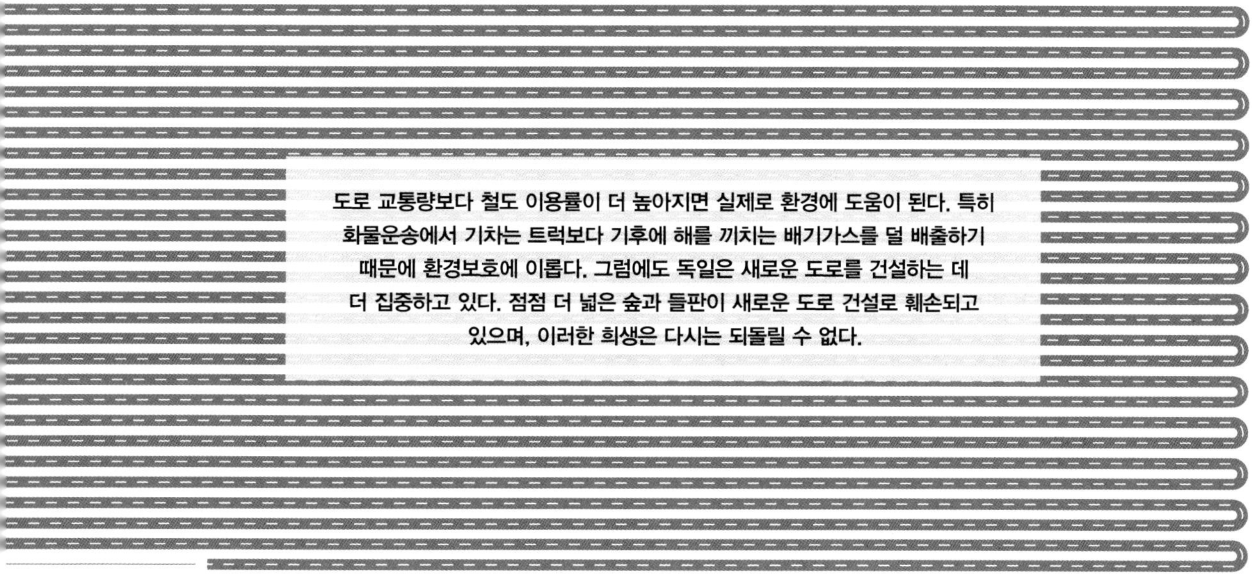

도로 교통량보다 철도 이용률이 더 높아지면 실제로 환경에 도움이 된다. 특히 화물운송에서 기차는 트럭보다 기후에 해를 끼치는 배기가스를 덜 배출하기 때문에 환경보호에 이롭다. 그럼에도 독일은 새로운 도로를 건설하는 데 더 집중하고 있다. 점점 더 넓은 숲과 들판이 새로운 도로 건설로 훼손되고 있으며, 이러한 희생은 다시는 되돌릴 수 없다.

출처: 유럽철도네트워크(NEE, Netzwerk Europäischer Eisenbahnen), 1994~2018년 자료

온라인 쇼핑은 얼마나 나쁠까?

온라인 주문으로 제품을 구매하는 행동이 반드시 나쁜 것은 아니다. 비록 자전거를 타고 가게까지 가는 것이 더 나은 방법일지라도 말이다. 그보다 더 중요한 것은 꼭 필요한 물건만 사는 것이다. 물론 그 물건이 환경친화적으로 생산한 제품이라면 더욱 좋다.

하지만 제품 운송 중에 발생하는 CO_2의 비율은 제품의 수명이 다할 때까지 사용하며 발생하는 CO_2의 1퍼센트에서 최대 10퍼센트 정도에 지나지 않는다.

돼지는 왜 비좁은 농장에서 비참하게 길러질까?

공장식축산으로 누가 어떤 이익을 얻을까?

동물을 팔아 얻는 이익을 1센트 동전으로 표시했다. 여기에 1센트 동전 250개가 있다.
농장주가 얻은 이익은 단 2.5유로(우리 돈 약 3600원)뿐이다.

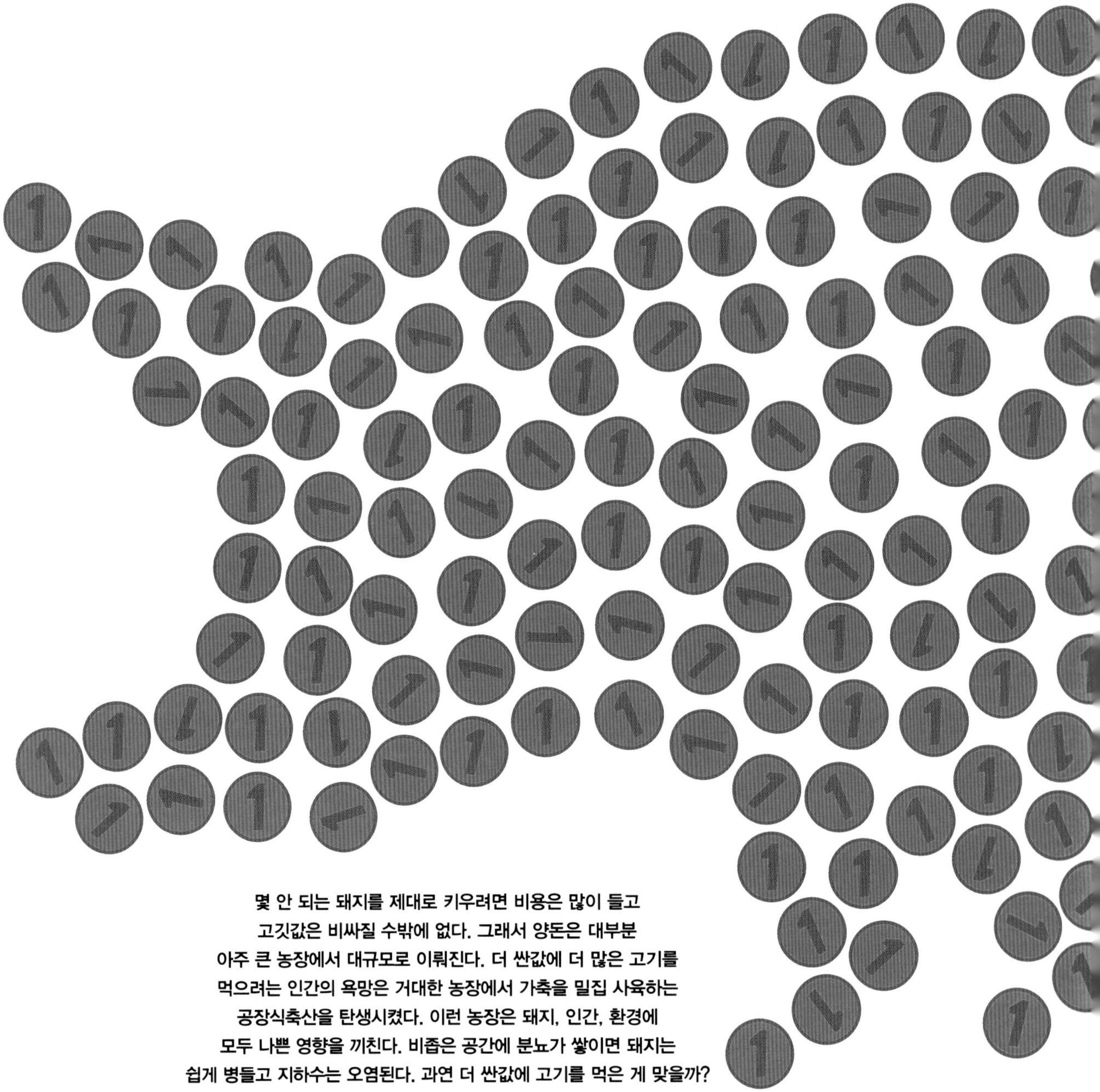

몇 안 되는 돼지를 제대로 키우려면 비용은 많이 들고
고깃값은 비싸질 수밖에 없다. 그래서 양돈은 대부분
아주 큰 농장에서 대규모로 이뤄진다. 더 싼값에 더 많은 고기를
먹으려는 인간의 욕망은 거대한 농장에서 가축을 밀집 사육하는
공장식축산을 탄생시켰다. 이런 농장은 돼지, 인간, 환경에
모두 나쁜 영향을 끼친다. 비좁은 공간에 분뇨가 쌓이면 돼지는
쉽게 병들고 지하수는 오염된다. 과연 더 싼값에 고기를 먹은 게 맞을까?

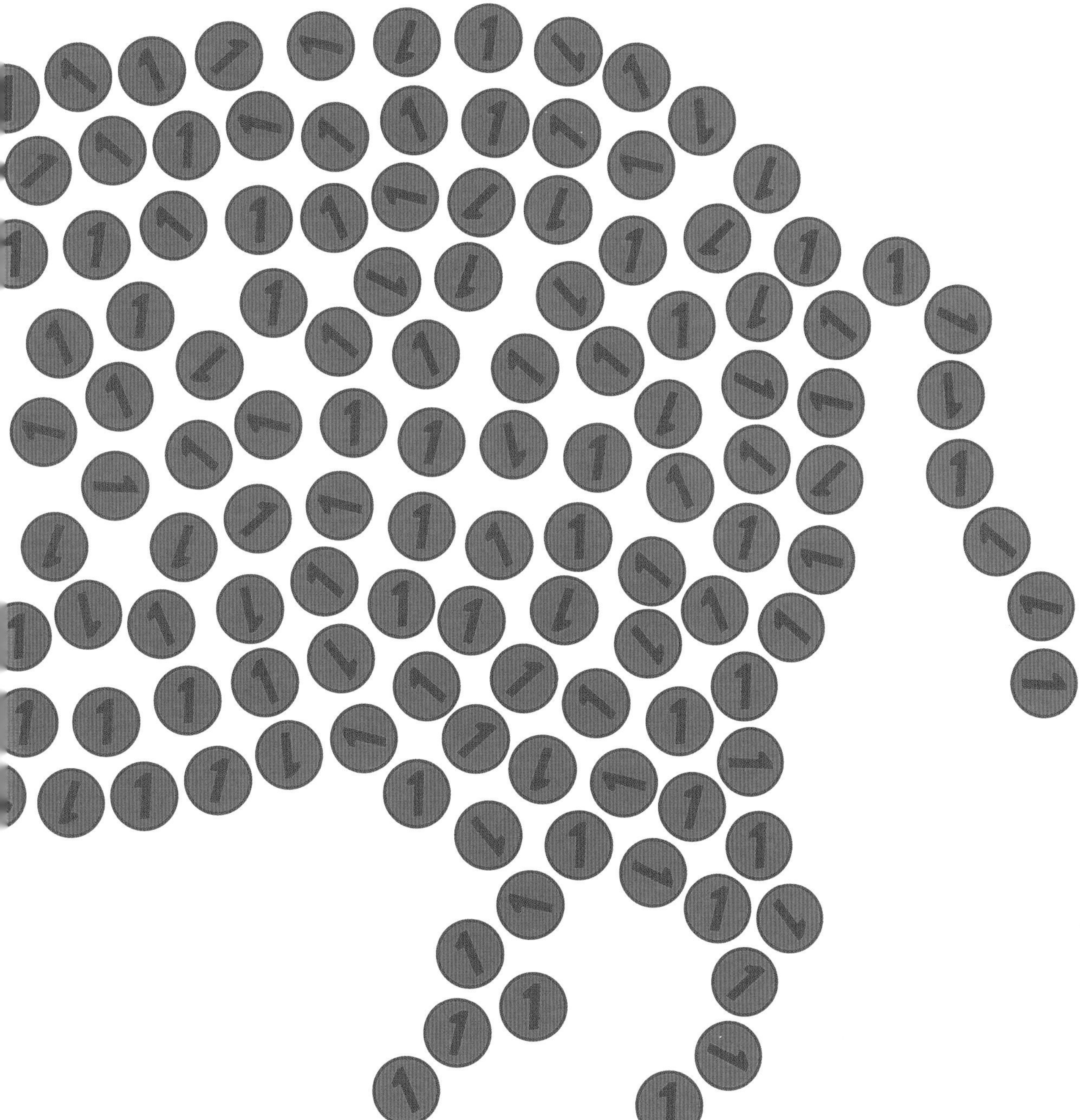

출처: 독일 축산연맹(Bundesverband Rind und Schwein), 2007~2017년 평균값

인류가 해낼 수 있을까?

산업혁명 이후의 CO_2 배출량 곡선은 지난 300년간의 상승치보다 훨씬 더 가파르게 기울어졌다. 우리 인류는 과연 몇 년에 걸쳐 곡선의 기울기를 다시 0으로 만들 수 있을까?

35

단위: 10억 톤

30

계속 증가하는 전 세계 연간 CO_2 배출량을 표시했다.

2050년까지 이 곡선이 어떻게 변화할지 예상해 보고 여러분이 여기에 한번 직접 그려 넣어 보자! 그런 다음 앞으로 몇 년 동안 실제 값을 찾아 그려 넣고, 앞으로 그 곡선이 어떻게 진행되는지 지켜보는 것이다.

25

2020년 수치는 아주 중요하다. 코로나19 팬데믹 때문에 곡선이 처음으로 큰 하향 곡선을 그렸다. 팬데믹 기간에 사람들이 비행기를 타는 빈도와 자동차를 타는 횟수가 줄었기 때문이다. 하지만 팬데믹이 잦아들면서 곡선은 다시 가파르게 상승하고 있다. 많은 국가의 목표는 확실하다. 곡선의 기울기를 다시 0으로 만드는 것이다. 거의 1800년대 수준으로 말이다.

20

15

10

5

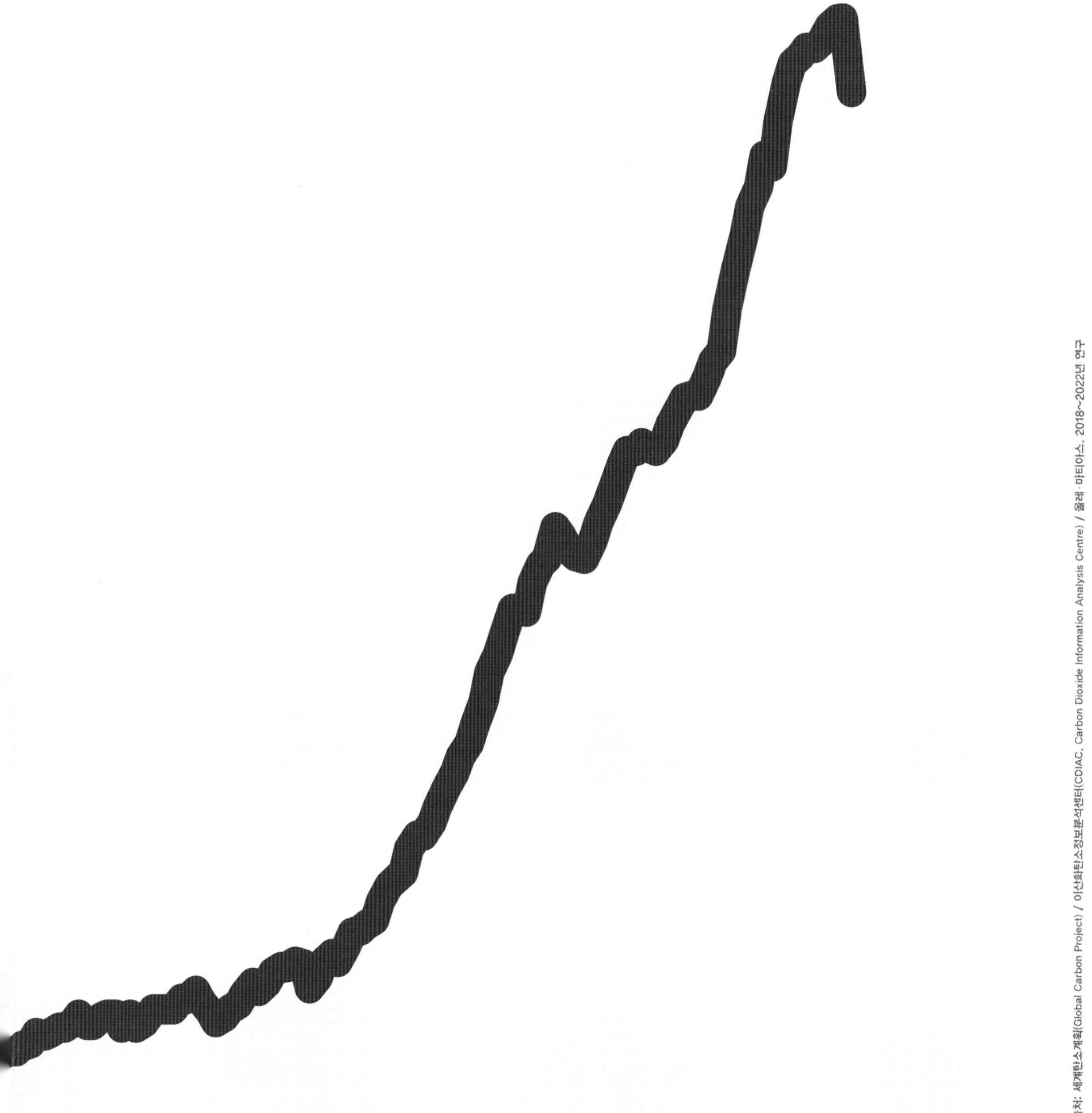

출처: 세계탄소계획(Global Carbon Project) / 이산화탄소정보분석센터(CDIAC, Carbon Dioxide Information Analysis Centre) / 울레·마티아스, 2018~2022년 연구

지은이 올레 핸츠셸(Ole Häntzschel)

그래픽디자이너이자 일러스트레이터로 인포그래픽 디자이너 전문가이다.
그는 복잡한 사실을 쉽고 명확하게 설명한다. 그의 그래픽은 유익할 뿐 아니라 하나하나가 작은 예술 작품이라 할 만하다. 그래픽 작품으로 여러 상을 받았다.

마티아스 슈톨츠(Mattias Stolz)

저널리스트이자 주간 잡지 『디 차이트(Die ZEIT)』에서 편집자로 일하고 있다.
그는 잡지사에서 독일을 새로운 관점으로 바라볼 수 있는 독일 지도를 지금까지 700여 개 이상 만들었다. 디자이너 핸츠셸과 함께 그래픽과 도형, 도표로 이루어진 책을 여러 권 펴냈다.

옮긴이 이상희

중앙대학교 문예창작학과를 졸업하고 독일 본대학 아시아학부에서 번역학을 전공했다. 현재 번역 에이전시 엔터스코리아에서 번역가로 활동하고 있다. 옮긴 책으로는 『젊은 베르테르의 슬픔』 『데미안』 『여자가 되자!』 『거짓말 같은 진짜 이야기』 『파란 집의 수상한 이웃들』 『내 친구가 나쁜 친구란 걸 알게 될 때』 『고양이 탐정 윈스턴: 용감한 비밀 요원』 등이 있다.

데이터로 말하고 그래픽으로 보여 주는 50가지 기후 환경 문제

오늘의 지구를 공개합니다

초판 1쇄 펴낸날 2023년 1월 20일

지은이 올레 핸츠셸, 마티아스 슈톨츠 | **옮긴이** 이상희 | **감수** 윤정은 | **펴낸이** 홍지연

편집 홍소연 고영완 전희선 조어진 서경민 | **디자인** 박태연 박해연
마케팅 강점원 최은 신종연 | **경영지원** 정상희 곽해림

펴낸곳 ㈜우리학교 | **출판등록** 제313-2009-26호(2009년 1월 5일)
주소 04029 서울시 마포구 동교로12안길 8 | **전화** 02-6012-6094 | **팩스** 02-6012-6092
홈페이지 www.woorischool.co.kr | **이메일** woorischool@naver.com

ISBN 979-11-6755-088-0 (43400)

• 책값은 뒤표지에 적혀 있습니다.
• 잘못된 책은 구입한 곳에서 바꾸어 드립니다.

만든 사람들
편집 서경민 | **교정** 한지연 | **디자인** 박태연